普通高等教育"十二五"规划教材

环境监测实验

邓晓燕　初永宝　赵玉美　主编

化学工业出版社

·北京·

本书是高等院校环境工程和环境科学专业的专业实践课教材。全书涵盖了环境监测实验质量保证，环境样品的采集和保存，以及包括水、气、土壤在内的 30 个基础实验和 3 个综合设计性实验，体现了实验教学的知识性、先进性和实用性并能够培养学生独立思考及设计实验、独立分析问题和解决问题的能力。

本书可作为高等学校环境工程和环境科学专业实验教学用书，也可作为其他相关专业及环保技术人员的参考用书。

图书在版编目（CIP）数据

环境监测实验/邓晓燕，初永宝，赵玉美主编 . —北京：
化学工业出版社，2014.9（2024.8 重印）
普通高等教育"十二五"规划教材
ISBN 978-7-122-21486-7

Ⅰ.①环… Ⅱ.①邓…②初…③赵… Ⅲ.环境监测-实验-高等学校-教材 Ⅳ.①X83-33

中国版本图书馆 CIP 数据核字（2014）第 172206 号

责任编辑：满悦芝 装帧设计：史利平
责任校对：宋 玮

出版发行：化学工业出版社（北京市东城区青年湖南街 13 号 邮政编码 100011）
印 装：北京科印技术咨询服务有限公司数码印刷分部
710mm×1000mm 1/16 印张 10¼ 字数 203 千字 2024 年 8 月北京第 1 版第 5 次印刷

购书咨询：010-64518888 售后服务：010-64518899
网 址：http://www.cip.com.cn
凡购买本书，如有缺损质量问题，本社销售中心负责调换。

定 价：28.00 元

前　　言

　　环境监测实验是环境监测知识体系的必要组成部分，是高等院校环境科学、环境工程及相关专业的重要课程，也是从事环境保护工作的重要基础和有效手段。为满足环境类及相关专业对环境监测技术的要求，并考虑到环境监测分析方法标准的更新和环境监测技术的发展，编者结合环境监测理论课程，编写了本教材。本教材具有如下特点：

　　(1) 教材内容涵盖环境监测过程中各类常用的方法，从样品采集到现代分析仪器的使用，从常规环境监测到复杂环境样品中微量甚至痕量污染物的分析监测。

　　(2) 在实验内容上，不仅安排了有机污染物测定的实验，并安排有微量或痕量有机污染物萃取、富集和分离方面的样品预处理实验技术以及大型仪器如高效液相色谱、气相色谱-质谱在环境监测实验中的应用。

　　(3) 除了环境监测常规指标的基础实验，本书设有综合设计性实验，旨在提高学生的实践能力、解决实际问题的能力和团队合作精神。

　　(4) 本教材以环境介质类型为主线，重点介绍各种监测方法，并引进了一些环境监测实验的最新方法和前处理技术，力求实验内容的实用性、适用性、简便性和先进性。

　　由于编者水平所限，书中不妥之处在所难免，敬请各位专家和读者批评指正。

编　者

2014 年 9 月

目　　录

第一章　环境监测实验质量保证

环境监测实验质量保证是整个监测过程的全面质量管理，是一种保证监测数据准确可靠的方法，也是科学管理实验室和监测系统的有效措施，它可以保证数据质量，使环境监测建立在可靠的基础之上。环境监测实验质量保证包括制定计划；根据需要和可能确定监测指标及数据的质量要求；规定相应的分析监测系统。其内容包括采样、样品预处理、贮存、运输、实验室供应，仪器设备、器皿的选择和校准，试剂、溶剂和基准物质的选用，统一测量方法，质量控制程序，数据的记录和整理，实验室的清洁度和安全等。

第一节　误　　差

监测中所得到的许多物理、化学和生物学数据，是描述和评价环境质量的基本依据，因此对数据的准确度有一定的要求。但是，由于分析方法、测量仪器、试剂药品、环境因素以及分析人员主观条件等方面的限制，使得测定结果与真实值不一致，在环境监测中存在误差。

一、误差及其分类

误差是分析结果（测量值）与真实值之间的差值。根据误差的性质和来源，可将误差分为系统误差和偶然误差。

（1）系统误差　又称可测误差、恒定误差，是由分析测量过程中某些恒定因素造成的，在一定条件下具有重现性，并不因增加测量次数而减少系统误差。产生系统误差的原因有：方法误差、仪器误差、试剂误差、恒定的个人误差和环境误差等。系统误差可以通过采取不同的方法，如校准仪器、进行空白实验、对照实验、回收实验、制定标准规程等而得到适当的校正，使系统误差减小或消除。

（2）偶然误差　又称随机误差或不可测误差，是由分析测定过程中各种偶然因素造成的。这些偶然因素如测定时温度的变化、电压的波动、仪器的噪声、分析人员的判断能力等。它们所引起的误差有时大、有时小、有时正、有时负，没有什么规律性，难以发现和控制。在消除系统误差后，在相同条件下多次测量，偶然误差遵从正态分布规律，当测定次数无限多时，偶然误差可以消除。但是，在实际的环境监测分析中，测定次数有限，从而使得偶然误差不可避免。要想减少偶然误差，需要适当增加测定次数。

二、误差的表示方法

（1）绝对误差和相对误差　绝对误差是测量值（x，单一测量值或多次测量的均值）与真值（x_t）之差，绝对值有正负之分。

$$绝对误差＝x-x_t$$

相对误差指绝对误差与真值之比（常以百分数表示）：

$$相对误差\ X\ =\frac{x-x_t}{x_t}\times100\%$$

绝对误差和相对误差均能反映测定结果的准确程度，误差越小越准确。

（2）绝对偏差和相对偏差　　绝对偏差（d）是测定值与均值之差，即 $d_i=x_i-\bar{x}$。

相对偏差是绝对偏差与均值之比（常以百分数表示）：相对偏差 $=\dfrac{d}{\bar{x}}\times100\%$。

（3）标准偏差和相对标准偏差　　标准偏差用 s 表示：

$$s=\sqrt{\frac{1}{n-1}\sum_{i=1}^{n}(x_i-\bar{x})^2}$$

相对标准偏差：又称变异系数，是样本标准偏差在样本均值中所占的百分数，记为 C_V。

$$C_V=\frac{s}{\bar{x}}\times100\%$$

第二节　准确度、精密度和灵敏度

一、准确度

准确度是用一个特定的分析程序所获得的分析结果（单次测定值或重复测定值的均值）与假定的或公认的真值之间符合程度的度量。它是反映分析方法或测量系统存在的系统误差和随机误差两者的综合指标，并决定其分析结果的可靠性。准确度用绝对误差和相对误差表示。

评价准确度的方法有两种：第一种是用某一方法分析标准物质，据其结果确定准确度；第二种是"加标回收"法，即在样品中加入标准物质，测定其回收率，以确定准确度。多次回收实验还可发现方法的系统误差，这是目前常用而方便的方法，其计算式是：

$$回收率=\frac{加标试样测定值-试样测定值}{加标量}\times100\%$$

所以，通常加入标准物质的量应与待测物质的浓度水平接近为宜。因为加入标准物质量的大小对回收率有影响。

二、精密度

精密度是指用一特定的分析程序在受控条件下重复分析均一样品所得测定值的一致程度。它反映分析方法或测量系统所存在随机误差的大小。标准偏差和相对标准偏差都可用来表示精密度大小，较常用的是标准偏差。

在讨论精密度时，常要遇到如下术语。

（1）平行性 平行性系指在同一实验室中，当分析人员、分析设备和分析时间都相同时，用同一分析方法对同一样品进行双份或多份平行样测定结果之间的符合程度。

（2）重复性 重复性系指在同一实验室内，当分析人员、分析设备和分析时间三因素中至少有一项不相同时，用同一分析方法对同一样品进行的两次或两次以上独立测定结果之间的符合程度。

（3）再现性 再现性系指在不同实验室（分析人员、分析设备，甚至分析时间都不相同），用同一分析方法对同一样品进行多次测定结果之间的符合程度。

通常室内精密度是指平行性和重复性的总和；而室间精密度（即再现性），通常用分析标准溶液的方法来确定。

三、灵敏度

分析方法的灵敏度是指该方法对单位浓度或单位量的待测物质的变化所引起的响应量变化的程度。它可以用仪器的响应量或其他指示量与对应的待测物质的浓度或量之比来描述，因此常用标准曲线的斜率来度量灵敏度。灵敏度因实验条件而变。标准曲线的直线部分以公式表示：

$$A = kc + a$$

式中　A——仪器的响应量；

c——待测物质的浓度；

a——标准曲线的截距；

k——方法的灵敏度，k 值大，说明方法灵敏度高。

第三节　检测限和测定限

一、检测限

检测限指某一分析方法在给定的可靠程度内可以从样品中检测待测物质的最小浓度或最小量。所谓检测是指定性检测，即断定样品中确定存在有浓度高于空白的待测物质。

检测限有几种规定，简述如下。

① 分光光度法中规定以扣除空白值后，吸光度为 0.01 相对应的浓度值为检测限。

② 气相色谱法中规定检测器产生的响应信号为噪声值两倍时的量。最小检测浓度是指最小检测量与进样量（体积）之比。

③ 离子选择性电极法规定某一方法的标准曲线的直线部分外延的延长线与通过空白电位且平行于浓度轴的直线相交时，其交点所对应的浓度值即为检测限。

④《全球环境监测系统水监测操作指南》中规定，给定置信水平为 95％时，样品浓度的一次测定值与零浓度样品的一次测定值有显著性差异者，即为检测限 (L)。当空白测定次数 n 大于 20 时，

$$L = 4.6\sigma_{wb}$$

式中 σ_{wb}——空白平行测定（批内）标准偏差。

检测上限是指标准曲线直线部分的最高限点（弯曲点）相应的浓度值。

二、测定限

测定限分测定下限和测定上限。测定下限是指在测定误差能满足预定要求的前提下，用特定方法能够准确地定量测定待测物质的最小浓度或量；测定上限是指在限定误差能满足预定要求的前提下，用特定方法能够准确地定量测定待测物质的最大浓度或量。

最佳测定范围又叫有效测定范围，系指在限定误差能满足预定要求的前提下，特定方法的测定下限到测定上限之间的浓度范围。

方法运用范围是指某一特定方法检测下限至检测上限之间的浓度范围。显然，最佳测定范围应小于方法适用范围。

第四节　监测数据的统计处理和结果表述

一、数据修约规则

1. 有效数字

指在监测分析工作中实际能够测量到的数字。一个有效数字由其前面所有的准确数字及最后一位估计的可疑数字组成，每一位数字都为有效数字。例如用滴定管进行滴定操作，滴定管的最小刻度是 0.1mL，如果滴定分析中用去标准溶液的体积为 15.35mL，前三位 15.3 是从滴定管的刻度上直接读出来的，而第四位 5 是在 15.3 和 15.4 刻度中间用眼睛估计出来的。显然，前三位是准确数字，第四位不太准确，叫做可疑数字，但这四位都是有效数字。

有效数字与通常数学上一般数字的概念不同。一般数字仅反映数值的大小，而有效数字既反映测量数值的大小，还反映对一个测量数值的准确程度。如用分析天平称量药品时，称量的药品质量为 1.5643g，是 5 位有效数字。它不仅说明了试样的质量，也表明了最后一位"3"是可疑的。有效数字的位数说明了仪器的种类和精密程度。例如，用"g"作单位，分析天平可以准确到小数点后第四位数字，而用台秤只能准确到小数点后第二位数字。

2. 数字修约规则

在数据运算过程中，遇到测量值的有效数字位数不相同时，必须舍弃一些多余的数字，以便于运算，这种舍弃多余数字的过程称为"数字修约过程"。有效数字修约应遵守"数值修约规则"（GB/T 8170—2008）的有关规定，可总结为：四舍

六入五考虑，五后非零则进一，五后皆零视奇偶，五前为偶应舍去，五前为奇则进一。数字修约时，只允许对原测量值一次修约到所要的位数，不能分次修约，例如53.4546 修约为 4 位数时，应该为 53.45，不可以先修约为 53.455，再修约为 53.46。

3. 有效数字运算规则

各种测量、计算的数据需要修约时，应遵守下列规则。

（1）加减法运算规则　加减法中，误差按绝对误差的方式传递，运算结果的误差应与各数中绝对误差最大者相对应。故几个数据相加减后的结果，其小数点后的位数应与各数据中小数点后位数最小的相同。运算时，可先取各数比小数点后位数最少的多留一位小数，进行加减，然后按上述规则修约。

（2）乘除法　在乘除法中，有效数字的位数应与各数中相对误差最大的位数相对应，即根据有效数字位数最少的数来进行修约，与小数点的位置无关。

（3）乘方和开方　一个数据乘方和开方的结果，其有效数字的位数与原数据的有效数字位数相同。

（4）对数　对数值，如 pH、$\lg c$ 等，其有效数字位数仅取决于小数部分（尾数）数字的位数，整数部分只代表该数的方次。

另外，求四个或四个以上测量数据的平均值时，其结果的有效数字的位数增加一位；误差和偏差的有效数字通常只取一位，测定次数很多时，方可取两位，并且最多取两位，但在运算过程中先不修约，最后修约到要求的位数。

二、可疑数据的取舍

与正常数据不是来自同一分布总体，明显歪曲实验结果的测量数据，称为离群数据。可能会歪曲实验结果，但尚未经检验断定其是离群数据的测量数据，称为可疑数据。在数据处理时，必须剔除离群数据以使测定结果更符合客观实际。正确数据总有一定分散性，如果人为地删去一些误差较大但并非离群的测量数据，由此得到精密度很高的测量结果并不符合客观实际。因此对可疑数据的取舍必须遵循一定的原则。

测量中发现明显的系统误差和过失误差，由此而产生的数据应随时剔除。而可疑数据的舍取应采用统计方法判别，即离群数据的统计检验。检验的方法很多，现介绍最常用的两种。

表 1-1　狄克逊检验统计量 Q 计算公式

n 值范围	可疑数据为最小值 x_1 时	可疑数据为最大值 x_n 时	n 值范围	可疑数据为最小值 x_1 时	可疑数据为最大值 x_n 时
3～7	$Q=\dfrac{x_2-x_1}{x_n-x_1}$	$Q=\dfrac{x_n-x_{n-1}}{x_n-x_1}$	11～13	$Q=\dfrac{x_3-x_1}{x_{n-1}-x_1}$	$Q=\dfrac{x_n-x_{n-2}}{x_n-x_2}$
8～10	$Q=\dfrac{x_2-x_1}{x_{n-1}-x_1}$	$Q=\dfrac{x_n-x_{n-1}}{x_n-x_2}$	14～25	$Q=\dfrac{x_3-x_1}{x_{n-2}-x_1}$	$Q=\dfrac{x_n-x_{n-2}}{x_n-x_3}$

表 1-2 狄克逊检验临界值（Q_a）表

n	显著性水平(a)		n	显著性水平(a)	
	0.05	0.01		0.05	0.01
3	0.941	0.988	15	0.525	0.616
4	0.765	0.889	16	0.507	0.595
5	0.642	0.780	17	0.490	0.577
6	0.560	0.698	18	0.475	0.561
7	0.507	0.637	19	0.462	0.547
8	0.554	0.683	20	0.450	0.535
9	0.512	0.635	21	0.440	0.524
10	0.477	0.597	22	0.430	0.514
11	0.576	0.679	23	0.421	0.505
12	0.546	0.642	24	0.413	0.497
13	0.521	0.615	25	0.406	0.489
14	0.546	0.641			

1. 狄克逊（Dixon）检验法

此法适用于一组测量值的一致性检验和剔除离群值。本法中对最小可疑值和最大可疑值进行检验的公式因样本的容量（n）不同而异，检验方法如下：

① 将一组测量数据从小到大顺序排列为 x_1、x_2、$\cdots$、x_n，x_1 和 x_n 分别为最小可疑值和最大可疑值。

② 按表 1-1 计算式求 Q 值。

③ 根据给定的显著性水平（a）和样本容量（n），从表 1-2 查得临界值（Q_a）。

④ 若 $Q \leqslant Q_{0.05}$ 则可疑值为正常值；若 $Q_{0.05} < Q \leqslant Q_{0.01}$ 则可疑值为偏离值；若 $Q > Q_{0.01}$ 则可疑值为离群值。

2. 格鲁勃斯（Grubbs）检验法

此法适用于检验多组测量值均值的一致性和剔除多组测量值中的离群均值；也可用于检验一组测量值一致性和剔除一组测量值中的离群值。方法如下。

① 有 m 组测定值，每组 n 个测定值的均值分别为 $\bar{x}_1$、$\bar{x}_2$、$\bar{x}_3$、$\cdots$、$\bar{x}_m$，其中最大均值记为 $\bar{x}_{max}$，最小均值记为 $\bar{x}_{min}$。

② 由 m 个均值计算总均值 $\bar{\bar{x}}$ 和标准偏差 $s_{\bar{x}}$：

$$\bar{\bar{x}} = \frac{1}{m} \sum_{i=1}^{m} \bar{x}_i \qquad s_{\bar{x}} = \sqrt{\frac{\sum\limits_{i=1}^{m}(\bar{x}_i - \bar{\bar{x}})^2}{m-1}}$$

③ 可疑均值为最大值（$\bar{x}_{max}$）和最小值（$\bar{x}_{min}$）时，按下式计算统计量 T_1、T_2：

$$T_1 = \frac{\bar{x}_{\max} - \bar{\bar{x}}}{s_{\bar{x}}}; \quad T_2 = \frac{\bar{\bar{x}} - \bar{x}_{\min}}{s_{\bar{x}}}$$

④ 根据测定值组数和给定的显著性水平（α），从表1-3查得临界值（T_α）。

⑤ 若 $T \leqslant T_{0.05}$，则可疑均值为正常均值；若 $T_{0.05} < T \leqslant T_{0.01}$，则可疑均值为偏离均值；若 $T > T_{0.01}$，则可疑均值为离群均值，应予剔除，即剔除含有该均值的一组数据。

表1-3　格鲁勃斯检验临界值（T_α）表

m	显著性水平（α）		m	显著性水平（α）	
	0.05	0.01		0.05	0.01
3	1.453	1.155	15	2.409	2.705
4	1.463	1.492	16	2.443	2.747
5	1.672	1.749	17	2.475	2.785
6	1.822	1.944	18	2.504	2.821
7	1.938	2.097	19	2.532	2.854
8	2.032	2.221	20	2.557	2.884
9	2.110	2.323	21	2.580	2.912
10	2.176	2.410	22	2.603	2.939
11	2.234	2.485	23	2.624	2.963
12	2.285	2.550	24	2.644	2.987
13	2.331	2.607	25	2.663	3.009
14	2.371	2.659			

三、均数置信区间和"t"值

环境监测实验是在满足精度要求的前提下，用有限的测定值代表总体的环境质量值。均数置信区间是考察样本均数（$\bar{x}$）代表总体均数（μ）的可靠程度。从正态分布曲线可知，68.26%的数据在（$\mu \pm \sigma$）区间之中，95.44%的数据在（$\mu \pm 2\sigma$）区间之间。正态分布理论是从大量数据中列出的。当从同一总体中随机抽取足够量的大小相同的样本，并对它们测定得到一批样本均数，如果原总体是正态分布，则这些样本均数的分布将随样本容量（n）的增大而趋向正态分布。样本均数（$\bar{x}$）与总体均数（μ）之间的关系用下式表示。

$$\mu = \bar{x} \pm t \frac{s}{\sqrt{n}}$$

式中　t——t检验值；

　　　s——样本标准差；

　　　n——样本数。

式中的 $\bar{x}$、s 和 n 通过测定可得，t 与样本容量（n）和置信度有关，而后者可以直接要求指定。当 n 一定，要求置信度愈大则 t 愈大，其结果的数值范围愈大。而置信度一定时，n 愈大 t 值愈小，数值范围愈小。置信水平不是一个单纯的数学问题。置信度过大反而无实用价值。例如 100% 的置信度，则数值区间为 $[-\infty, +\infty]$，通常采用 90%～95% 置信度 $[P$（双侧概率）对应为 0.10～0.05$]$。

四、监测结果的表述

环境监测实验中所得到的许多物理、化学和生物学数据，是描述和评价环境质量的基本依据。监测数值反映客观环境的真实值，但真实值很难测定，总体均值可以认为接近真值，然而实际测定的次数是有限的，所以常用有限次的监测数据来反映真实值，其结果表达方式一般有如下几种。

1. 用算术均数（$\bar{x}$）代表集中趋势

测定过程中排除系统误差和过失误差后，只存在随机误差，根据正态分布的原理，当测定次数无限多（$n \to \infty$）时的总体均值（μ）应与真值（x_t）很接近，但实际只能测定有限次数。因此样本的算术均数是代表集中趋势表达监测结果的最常用方式。

2. 用算术均数和标准偏差表示测定结果的精密度（$\bar{x} \pm s$）

算术均值代表集中趋势，标准偏差表示离散程度。算术均值代表性的大小与标准偏差的大小有关，即标准偏差大，算术均数代表性小，反之亦然，故而监测结果常以（$\bar{x} \pm s$）表示。

3. 用（$\bar{x} \pm s$，C_V）表示结果

标准偏差大小还与所测均数水平或测量单位有关。不同水平或单位的测定结果之间，其标准偏差是无法进行比较的，而变异系数是相对值，故可在一定范围内用来比较不同水平或单位测定结果之间的变异程度。

第五节 实验室质量保证

在保证实验室的分析测试仪器、化学试剂、分析人员的技术水平以及日常管理工作符合要求的基础上，在监测方案符合质量要求的前提下，进行监测实验分析时还要采取下面的一些控制措施。

一、选择适当的分析方法

正确选择监测分析方法，是获得准确结果的关键因素之一。选择分析方法应遵循的原则是：灵敏度能满足定量要求；方法成熟、准确；操作简便，易于普及；抗干扰能力好。根据上述原则，为使监测数据具有可比性，各国在大量实践的基础上，对环境中的不同污染物质都编制了相应的分析方法。我国环境监测分析方法目前有三个层次：标准分析方法、统一分析方法和等效方法。它们相互补充，构成完整的监测分析方法体系。

（1）标准分析方法　我国已编制多项包括采样在内的标准分析方法，这是一些比较经典、准确度较高的方法，是环境污染纠纷法定的仲裁方法，也是用于评价其他分析方法的基准方法。

（2）统一分析方法　环境部门或其他部门建立起来经验证的适用方法。这种方法尚不够成熟，但这些项目又急需测定，因此经过研究作为统一方法予以推广，在使用中积累经验，不断完善，为上升为国家标准方法创造条件。

（3）等效方法　与标准分析方法和统一分析方法的灵敏度、准确度具有可比性的分析方法称为等效方法。这类方法可能采用新的技术，应鼓励有条件的单位先用起来，以推动监测技术的进步。但是，新方法必须经过方法验证和对比实验，证明其与标准方法或统一方法是等效的才能使用。

二、标准曲线的线性和回归分析

标准曲线是用于描述待测物质的浓度或量与相应的测量仪器的响应量或其他指示量之间的定量关系的曲线。监测中常用标准曲线的直线部分。某一方法的标准曲线的直线部分所对应的待测物质浓度（或量）的变化范围，称为该方法的线性范围。标准曲线中各浓度点不得少于 5 个（不含空白），浓度范围应涵盖样品的测定范围。采用标准曲线法进行定量分析时，须对标准曲线的相关性、精密度和置信区间进行统计分析，检验斜率、截距和相关系数是否正常。标准曲线 $y = a + bx$ 的相关系数一般应大于或等于 0.999；截距 a 一般应小于或等于 0.005（减测试空白后计算）；当 a 大于 0.005 时，将截距 a 与 0 作 t 检验，当置信水平为 95％时，若无显著差异，也为合格。否则需从分析方法、仪器设备、量器、试剂和操作等方面查找原因，改进后重新绘制标准曲线。

三、空白实验

空白实验又叫空白测定，是指用蒸馏水代替试样的测定。其所加试剂和操作步骤与实验测定完全相同。空白实验应与试样测定同时进行，试样分析时仪器的响应值（如吸光度、峰高等）不仅是试样中待测物质的分析响应值，还包括所有其他因素，如试剂中杂质、环境及操作进程的沾污等的响应值，这些因素是经常变化的，为了了解它们对试样测定的综合影响，在每次测定时，均做空白实验，空白实验所得的响应值称为空白实验值。对实验用水有一定的要求，即其中待测物质浓度应低于方法的检出限。当空白实验值偏高时，应全面检查空白实验用水、试剂的空白、量器和容器是否沾污、仪器的性能以及环境状况等。

四、质量控制图的绘制及使用

质量控制图指以概率论及统计检验为理论基础而建立的一种既便于直观地判断分析质量，又能全面、连续地反映分析测定结果波动状况的图形。它是一种简单、最有效的统计方法，可用于工业产品的质量控制，也可用于环境监测中日常监测数据的有效性检验。实验室内质量控制图是监测常规分析过程中可能出现的误差，控制分析数据在一定的精密度范围内，保证常规分析数据质量的有效方法。

质量控制图通常由一条中心线（预期值）和上、下警告限，上、下控制限以及上、下辅助线组成。横坐标为样品的序号（或日期），纵坐标为统计量。如图 1-1 所示。

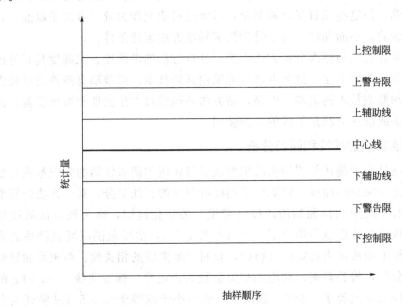

图 1-1 质量控制图的基本组成

预期值——图中的中心线。

目标值——图中上、下警告限之间的区域。

实测值的可接受范围——图中上、下控制限之间的区域。

辅助线——上、下各一条线，在中心线两侧与上、下警告限之间各一半处。

常用的质量控制图有均值控制图和均值极差控制图等，在日常分析时，质量控制样品与被测样品同时进行分析，将质量控制样品的测定结果标于质量控制图中，判断分析过程是否处于受控状态。测定值落在中心附近、上下警告限之内，则表示分析正常，此批样品测定结果可靠；如果测定值落在上下控制限之外，表示分析失控，测定结果不可信，应检查原因，纠正后重新测定；如果测定值落在上下警告限和上下控制限之间，虽分析结果可接受，但有失控倾向，应予以注意。如遇到 7 点连续上升或下降时（虽然数值在控制范围之内），表示测定有失去控制倾向，应立即查明原因，予以纠正。

第二章　环境样品的采集和保存

第一节　水样的采集和保存

一、水样的采集

1. 采样前的准备

地表水、地下水、废水和污水采样前，要根据监测项目的性质和采样方法的要求，选择适宜材质的盛水容器和采样器，对采样器具的材质要求化学性能稳定，大小和形状适宜，不吸附欲测组分，容易清洗并可反复使用。其次，确定采样总量（分析用量和备份用量）。

2. 采样方法和采样器（或采水器）

采集表层水时，可用桶、瓶等容器直接采取，一般将其沉至水面下 0.3～0.5m 处采集。采集深层水样时，可用简易采水器、深层采水器、采水泵、自动采水器等。

3. 盛水器

盛水器（水样瓶）一般由聚四氟乙烯、聚乙烯、石英玻璃和硼硅玻璃等材料制成。通常，塑料容器常用作测定金属和无机物水样的容器；玻璃容器常用作测定有机物和生物类的水样容器。每个监测指标对水样容器的要求不尽相同。对于有些监测项目，如油类项目，盛水器往往作为采水器。

4. 水样类型

对于天然水体，为了采集具有代表性水样，就要根据分析目的和现场实际情况来选择采集样品的类型和采样方法；对于工业废水和生活污水，应根据生产工艺、排污规律和监测目的，针对其流量和浓度都随时间而变化的非稳态流体特性，科学、合理地设计水样的采集和采样方法。

(1) 瞬时水样　瞬时水样是指在某一时间和地点从水体中随机采集的分散水样。当水体水质稳定，或其组分在相当长的时间或相当大的空间范围内变化不大时，瞬时水样具有很好的代表性；当水体组分及含量随时间和空间变化时，就应隔时、多点采集瞬时样，分别进行分析，摸清水质的变化规律。

(2) 混合水样　混合水样分为等时混合水样和等比例混合水样。前者是指在同一采样点按等时间间隔所采集的等体积瞬时水样混合后的水样，这种水样在观察某一时段平均浓度时非常有用，但不适用于被测组分在贮存过程中发生明显变化的水样。后者是指在某一时段内，在同一采样点所采集水样量随时间和流量成比例变化的混合水样，即在不同时间依照流量大小按比例采集的混合水样，这种水样适用于流量和污染物浓度不稳定的水样。

（3）综合水样　把不同采样点同时采集的各个瞬时水样混合后所得到的样品称为综合水样。这种水样在某些情况下更具有实际意义。例如，当为几条废水河、渠建立综合处理厂时，以综合水样取得的水质参数作为设计的依据更为合理。

二、水样的保存

各种水质的水样，从采集到分析测定这段时间内，由于环境条件的改变、微生物新陈代谢活动和化学作用的影响，会引起水样某些物理参数及化学组分的变化。为将这些变化降低到最低程度，需要尽可能地缩短运输时间、尽快分析测定和采取必要的保护措施；有些项目必须在采样现场测定。

不能及时运输或尽快分析的水样，则应根据不同监测项目的要求，采取适宜的保存方法。水样的运输时间，通常以 24h 作为最大允许时间。最长贮放时间一般为：清洁水样 72h；轻污染水样 48h；严重污染水样 12h。

保存水样的方法有以下几种。

1. 冷藏或冷冻法

冷藏或冷冻的作用是抑制微生物活动，减缓物理挥发和化学反应速度。

2. 加入化学试剂保存法

（1）加入生物抑制剂　如在测定氨氮、硝酸盐氮、化学需氧量的水样中加入 $HgCl_2$，可抑制生物的氧化还原作用；对测定酚的水样，用 H_3PO_4 调至 pH 为 4 时，加入适量 $CuSO_4$，即可抑制苯酚菌的分解活动。

（2）调节 pH 值　测定金属离子的水样常用 HNO_3 酸化至 pH 为 1～2，既可防止重金属离子水解沉淀，又可避免金属离子被器壁吸附；测定氰化物或挥发性酚的水样加入 NaOH 调至 pH 为 12 时，使之生成稳定的酚盐等。

（3）加入氧化剂或还原剂　如测定汞的水样需加入 HNO_3（至 pH<1）和 $K_2Cr_2O_7$（0.05%），使汞保持高价态；测定硫化物的水样，加入抗坏血酸，可以防止被氧化；测定溶解氧的水样则需加入少量硫酸锰和碱性碘化钾固定（还原）溶解氧等。

应当注意，加入的保存剂不能干扰以后的测定；保存剂的纯度最好是优级纯的；还应做相应的空白实验，对测定结果进行校正。

水样的保质期与多种因素有关，例如组分的稳定性、浓度、水样的污染程度等。表 2-1 列出了部分测定项目水样的保存方法和保存期。

表 2-1　常用水样保存技术

测定项目	容器	保存方法及保存剂用量	可保存时间	最少采样量	备注
pH	P 或 G		12h	250mL	尽量现场测定
色度	P 或 G		12h	250mL	尽量现场测定

续表

测定项目	容器	保存方法及保存剂用量	可保存时间	最少采样量	备注
浊度	P 或 G		12h	250mL	尽量现场测定
电导率	P 或 G		12h	250mL	尽量现场测定
悬浮物	P 或 G	1～5℃冷藏	14d	500mL	
碱度	P 或 G	1～5℃冷藏	12d	500mL	
酸度	P 或 G	1～5℃冷藏	30d	500mL	
高锰酸盐指数	G	1～5℃暗处冷藏	2d	500mL	尽快分析
	P	−20℃	1m❶	500mL	
COD	G	加 H_2SO_4，使 pH≤2	2d	500mL	
	P	−20℃	1m	100mL	最长 6m
BOD_5	溶解氧瓶（G）	1～5℃暗处冷藏	2d	250mL	
	P	−20℃	1m	1000mL	
TOC	G	加H_2SO_4，使 pH≤2;1～5℃	7d	250mL	
	P	−20℃	1m	100mL	
溶解氧	溶解氧瓶	加硫酸锰，碱性碘化钾-叠氮化钠溶液，现场固定	24h	500mL	尽量现场测定
氰化物	P	1～5℃,避光	14d	250mL	
氯化物	P 或 G	1～5℃,避光	30d	250mL	
氨氮	P 或 G	加 H_2SO_4，使 pH≤2	24h	250mL	
亚硝酸盐氮	P 或 G	1～5℃冷藏避光保存	24h	250mL	
硝酸盐氮	P 或 G	1～5℃冷藏	24h	250mL	
	P 或 G	用 HCl 酸化至 pH 1～2	7d	250mL	
	P	−20℃冷冻	1m	250mL	
凯氏氮	P 或 BG	加 H_2SO_4，pH 1～2 1～5℃避光	1m	250mL	
	P	−20℃冷冻	1m	250mL	
总氮	P 或 G	用 H_2SO_4，pH 1～2	7d	250mL	
	P	−20℃冷冻	1m	500mL	
硫化物	P 或 G	水样充满容器。1L 水样加 NaOH 至 pH 9,加入 5％抗坏血酸 5mL,饱和 EDTA 3mL,滴加饱和 Zn(Ac)$_2$,至胶体产生,避光	24h	250mL	
总氰化物	P 或 G	NaOH,pH≥9 1～5℃冷藏	7d,如存在硫化物,保存 12h	250mL	

❶　1m 指 1 个月。

13

续表

测定项目	容器	保存方法及保存剂用量	可保存时间	最少采样量	备注
总磷	P 或 G	用 H_2SO_4、HCl 酸化至 pH≤2	24h	250mL	
	P	−20℃冷冻	1m		
溶解性磷酸盐	P 或 G	1~5℃冷藏	1m	250mL	采样时现场过滤
	P	−20℃冷冻	1m	250mL	
六价铬	P 或 G	NaOH,pH 8~9	14d	250mL	
铬	P 或 G	HNO_3,1L 水样加浓 HNO_3 10mL	1m	100mL	
砷	P 或 G	HNO_3,1L 水样加浓 HNO_3 10mL;DDTC 法,HCl 2mL	14d	250mL	
镉	P 或 G	HNO_3,1L 水样加浓 HNO_3 10mL	14d	250mL	
铅	P 或 G	HNO_3,1L 水样加浓 HNO_3 10mL	14d	250mL	
锌	P 或 G	HNO_3,1L 水样加浓 HNO_3 10mL	14d	250mL	
铜	P 或 G	HNO_3,1L 水样加浓 HNO_3 10mL	14d	250mL	
铁	P 或 G	HNO_3,1L 水样加浓 HNO_3 10mL	14d	250mL	
汞	P 或 G	加 HCl 至 1‰（质量分数）,1L 水样加浓 HNO_3 10mL	14d	250mL	
硒	P 或 G	1L 水样加浓 HCl 2mL	14d	250mL	
油类	溶剂洗 G	加 HCl,使 pH≤2	7d	100mL	
酚类	G	1~5℃ 避光,用磷酸调至 pH≤2,加入抗坏血酸 0.01~0.02g 除去残余氯	24h	1000mL	
苯酚指数	G	添加硫酸铜,磷酸酸化至 pH≤4	21d	1000mL	
挥发性有机物	G	1~5℃ 避光,用(1+10)HCl 调至 pH≤2,加入抗坏血酸 0.01~0.02g 除去残余氯	12h	1000mL	
邻苯二甲酸酯类	G	加入抗坏血酸 0.01~0.02g 除去残余氯;1~5℃ 避光	24h	1000mL	
杀虫剂（包含有机氯、有机磷、有机氮）	G（溶剂洗,带聚四氟乙烯瓶盖）或 P（适用草甘膦）	1~5℃ 冷藏,不能用水样冲洗采样器;不能水样充满容器	萃取 5d	1000~3000mL	萃取应在采样后 24h 内完成

测定项目	容器	保存方法及保存剂用量	可保存时间	最少采样量	备注
单环芳烃	G（溶剂洗，带聚四氟乙烯瓶盖）	水样充满容器，用 H_2SO_4 酸化至 pH 1～2。如水样含氯，1L 水样加 80mg 硫代硫酸钠	7d	500mL	
多环芳烃	G（带聚四氟乙烯薄膜）	1～5℃冷藏	7d	500mL	尽可能现场萃取，如水样含氯，1L 水样加 80mg 硫代硫酸钠
可吸附有机卤化合物	P 或 G	水样充满容器，用 HNO_3 酸化至 pH 1～2；1～5℃ 避光保存	5d	1000mL	
	P	—20℃冷冻	1m	1000mL	

注：G 为玻璃，P 为聚乙烯塑料，BG 为硼硅玻璃。

第二节　大气样品的采集方法

根据被测污染物在空气和废气中存在的状态和浓度水平以及所用的分析方法，按气态、颗粒态和两种状态共存的污染物，简单介绍不同原理的采样方法和应注意的问题。

一、气态污染物的采样方法

1. 直接采样法

当大气中的被测组分浓度较高，或者监测方法灵敏度高时，从大气中直接采集少量气样即可满足监测分析要求。例如，用非色散红外吸收法测定空气中的一氧化碳；用紫外荧光法测定空气中的二氧化硫等都是用直接采样法。这种方法测得的结果是瞬时浓度或短时间内的平均浓度，能较快地得到分析结果。常用的采样容器有注射器、塑料袋、真空瓶（管）等。

（1）注射器采样　常用 100mL 注射器采集有机蒸气样品。采样时，先用现场气体抽洗 2～3 次，然后抽取 100mL，密封进气口，带回实验室分析。样品存放时间不宜长，一般应当天分析完。

（2）塑料袋采样　应选择与样气中污染组分既不发生化学反应，也不吸附、不渗漏的塑料袋。常用的有聚四氟乙烯袋、聚乙烯袋及聚酯袋等。为减小对被测组分的吸附，可在袋的内壁衬银、铝等金属膜。采样时，先用二联球打进现场气体冲洗 2～3 次，再充满气样，夹封进气口，带回尽快分析。

（3）采气管采样　采气管是两端具有旋塞的管式玻璃容器，其容积为 100～

500mL。采样时，打开两端旋塞，将二联球或抽气泵接在管的一端，迅速抽进比采气管容积大 6～10 倍的欲采气体，使采气管中原有气体被完全置换出，关上两端旋塞，采样体积即为采气管的容积。

(4) 真空瓶采样　真空瓶是一种用耐压玻璃制成的固定容器，容积为 500～1000mL。采样前，先用抽真空装置将采气瓶（瓶外套有安全保护套）内抽至剩余压力达 1.33kPa 左右；如瓶内预先装入吸水液，可抽至溶液冒泡为止，关闭旋塞。采样时，打开旋塞，被采空气即充入瓶内，关闭旋塞，则采样体积为真空采气瓶的容积。如果采气瓶内真空度达不到 1.33kPa，实际采样体积应根据剩余压力进行计算。

2. 富集（浓缩）采样法

空气中的污染物质浓度一般都比较低（10^{-9}～10^{-6}数量级），直接采样法往往不能满足分析方法检测限的要求，故需要用富集采样法对大气中的污染物进行浓缩。富集采样时间一般比较长，测得结果代表采样时段的平均浓度，更能反映大气污染的真实情况。这种采样方法有溶液吸收法、填充柱阻留法、低温冷凝法等。

(1) 溶液吸收法　该方法是采集空气和废气中气态、蒸气态及某些气溶胶态污染物质的常用方法。采样时，用抽气装置将欲测空气以一定流量抽入装有吸收液的吸收管（瓶）。采样结束后，倒出吸收液进行测定，根据测得结果及采样体积计算空气和废气中污染物的浓度。

溶液吸收法的吸收效率主要决定于吸收速度和气样与吸收液的接触面积。欲提高吸收速度，必须根据被吸收污染物的性质选择效能好的吸收液。

常用的吸收液有水、水溶液和有机溶剂等。按照它们的吸收原理可分为两种类型。一种是气体分子溶解于溶液中的物理作用，如用水吸收大气中的氯化氢、甲醛；用体积分数为 5％的甲醇吸收有机农药；用体积分数为 10％乙醇吸收硝基苯等。另一种吸收原理是基于发生化学反应。例如，用氢氧化钠溶液吸收大气中的硫化氢基于中和反应；用四氯汞钾溶液吸收 SO_2 基于络合反应等。理论和实践证明，伴有化学反应的吸收溶液的吸收速度比单靠溶解作用的吸收液吸收速度快得多。因此，除采集溶解度非常大的气态物质外，一般都选用伴有化学反应的吸收液。吸收液的选择原则如下。

① 与被采集的物质发生化学反应快或对其溶解度大。

② 污染物质被吸收液吸收后，要有足够的稳定时间，以满足分析测定所需时间的要求。

③ 污染物质被吸收后，应有利于下一步分析测定，最好能直接用于测定。

④ 吸收液毒性小、价格低、易于购买，且尽可能回收利用。

增大被采气体与吸收液接触面积的有效措施是选用结构适宜的吸收管（瓶）。下面介绍几种常用吸收管。

a. 气泡吸收管　这种吸收管可装 5～10mL 吸收液，采样流量为 0.5～2.0 L/min，适用于采集气态和蒸气态物质。对于气溶胶态物质，因不能像气态分子那样快速扩散到气液界面上，故吸收效率差。

b. 冲击式吸收管　这种吸收管有小型（装 5～10mL 吸收液，采样流量为 3.0L/min）和大型（装 50～100mL 吸收液，采样流量为 30L/min）两种规格，适宜采集气溶胶态物质。因为该吸收管的进气管出气口喷嘴孔径小，距瓶底又很近，当被采气样快速从喷嘴喷出冲向管底时，则气溶胶颗粒因惯性作用冲击到管底被分散，从而易被吸收液吸收。冲击式吸收管不适合采集气态和蒸气态物质，因为气体分子的惯性小，在快速抽气情况下，容易随空气一起跑掉。

c. 多孔筛板吸收管（瓶）　也称多孔玻板吸收管（瓶），该吸收管可装 5～10mL 吸收液，采样流量为0.1～1.0L/min。吸收瓶有小型（装 10～30mL 吸收液，采样流量为 0.5～2.0L/min)和大型（装 50～100mL 吸收液，采样流量 30L/min）两种。气样通过吸收管（瓶）的筛板后，被分散成很小的气泡，且阻留时间长，大大增加了气液接触面积，从而提高了吸收效果。它们除适合采集气态和蒸气态物质外，也能采集气溶胶态物质。

（2）填充柱阻留法　填充柱是用一根长 6～10cm、内径 3～5mm 的玻璃管或塑料管，内装颗粒状或纤维状填充剂制成。采样时，让气样以一定流速通过填充柱，则欲测组分因吸附、溶解或化学反应等作用被阻留在填充剂上，达到浓缩采样的目的。采样后，通过解吸或溶剂洗脱，使被测组分从填充剂上释放出来进行测定。根据填充剂阻留作用的原理，可分为吸附型、分配型和反应型三种类型。

① 吸附型填充柱　这种填充柱的填充剂是颗粒状固体吸附剂，如活性炭、硅胶、分子筛、高分子多孔微球等。它们都是多孔性物质，比表面积大，对气体和蒸气有较强的吸附能力。有两种表面吸附作用，一种是由于分子间引力引起的物理吸附，吸附力较弱；另一种是由于剩余价键力引起的化学吸附，吸附力较强。极性吸附剂如硅胶等，对极性化合物有较强的吸附能力；非极性吸附剂如活性炭等，对非极性化合物有较强的吸附能力。一般说来，吸附能力越强，采样效率越高，但这往往会给解吸带来困难。因此，在选择吸附剂时，既要考虑吸附效率，又要考虑易于解吸。

② 分配型填充柱　这种填充柱的填充剂是表面涂渍高沸点有机溶剂（如异十三烷）的惰性多孔颗粒物（如硅藻土），类似于气-液色谱柱中的固定相，只是有机溶剂的用量比色谱固定相大。当被采集气样通过填充柱时，在有机溶剂（固定液）中分配系数大的组分保留在填充剂上而被富集。例如，大气中的有机氯农药（六六六、DDT 等）和多氯联苯（PCB）多以蒸气或气溶胶态存在，用溶液吸收法采样效率低，但用涂渍 5％甘油的硅酸铝载体填充剂采样，采集效率可达 90％～100％。

③ 反应型填充柱　这种填充柱的填充剂是由惰性多孔颗粒物（如石英砂、玻璃微球等）或纤维状物（如滤纸、玻璃棉等）表面涂渍能与被测组分发生化学反应的试剂制成。也可以用能和被测组分发生化学反应的纯金属（如 Au、Ag、Cu 等）丝毛或细粒作填充剂。气样通过填充柱时，被测组分在填充剂表面因发生化学反应而

被阻留。采样后，将反应产物用适宜溶剂洗脱或加热吹气解吸下来进行分析。例如，空气中的微量氨可用装有涂渍硫酸的石英砂填充柱富集。采样后，用水洗脱下来测定之。反应型填充柱采样量和采样速度都比较大，富集物稳定，对气态、蒸气态和气溶胶态物质都有较高的富集效率，是大气污染监测中具有广阔发展前景的富集方法。

(3) 低温冷凝法 某些沸点比较低的气态污染物质，如烯烃类、醛类等可采用低温冷凝法。低温冷凝采样法是将 U 形或蛇形采样管插入冷阱中，采样管的一端接在过滤管上作为气体气口，另一端接于连有流量计的抽气动力上进行采样。被测组分因冷凝而凝结在采样管底部。如用气相色谱法测定，可将采样管与仪器进气口连接，移去冷阱，在常温或加热情况下汽化，进入仪器测定。

低温冷凝采样法具有效果好、采样量大、利于组分稳定等优点，但空气中的水蒸气、二氧化碳，甚至氧也会同时冷凝下来，在汽化时，这些组分也会汽化，增大了气体总体积，从而降低浓缩效果，甚至干扰测定。为此，应在采样管的进气端装置选择性过滤器（内装过氯酸镁、碱石棉、氯化钙等），以除去空气中的水蒸气和二氧化碳等。但所用干燥剂和净化剂不能与被测组分发生作用，以免引起被测组分损失。常用制冷剂及其制冷温度见表 2-2。

表 2-2　常用制冷剂及其制冷温度

制冷剂名称	制冷温度/℃	制冷剂名称	制冷温度/℃
冰	0	干冰	−78.5
冰+盐水	−10	干冰+乙醇	−72
液氧	−183	干冰+丙酮	−78.5
液氮	−196	液态空气	−147

二、颗粒物的采样方法

空气中颗粒物的采样方法主要有滤料阻留法和自然沉降法。自然沉降法主要用于采集颗粒物粒径大于 $30\mu m$ 的尘粒，滤料法根据粒子切割器和采样流速等不同，分别采集空气中不同粒径的颗粒物，或利用等速采样法采集烟尘和粉尘。

1. 滤料阻留法

该方法是将过滤材料（滤纸、滤膜等）放在采样夹上，用抽气装置抽气，则空气中的颗粒物被阻留在过滤材料上，称量过滤材料上富集的颗粒物质量，根据采样体积，即可计算出空气中颗粒物的浓度。

滤料采集空气中气溶胶颗粒物基于直接阻截、惯性碰撞、扩散沉降、静电引力和重力沉降等作用。有的滤料以阻截作用为主，有的滤料以静电引力作用为主，还有的几种作用同时发生。滤料的采集效率除与自身性质有关外，还与采样速度、颗粒物的大小等因素有关。低速采样，以扩散沉降为主，对细小颗粒物的采集效率高；高速采样，以惯性碰撞作用为主，对较大颗粒物的采集效率高。空气中的大小颗粒物是同时并存的，当采样速度一定时，就可能使一部分粒径小的颗粒物采集效率偏低。此外，在采样过程中，还可能发生颗粒物从滤料上弹回或吹走现象，特别是采样速度大的情况下，颗粒大、质量重的粒子易发生弹回现象；颗粒小的粒子易穿过滤料被吹走，这些情况都是造成采集效率偏低的原因。

常用的滤料有纤维状滤料，如滤纸、玻璃纤维滤膜、过氯乙烯滤膜等；筛孔状滤料，如微孔滤膜、核孔滤膜、银薄膜等。选择滤膜时，应根据采样目的，选择采样效率高、性能稳定、空白值低、易于处理和利于采样后分析测定的滤膜。

2. 自然沉降法

这种方法是利用物质的自然重力、空气动力和浓差扩散作用采集大气中的被测物质，如自然降尘量、硫酸盐化速率、氟化物等大气样品的采集。这种采样方法不需要动力设备，简单易行，且采样时间长，测定结果能较好地反映空气污染情况。如降尘试样和硫酸盐化速率试样的采集。

三、综合采样法

空气中污染物多数都不是以单一状态存在的，往往同时存在于气态和颗粒物中，将不同采样方法相结合的综合采样法，能将不同状态的污染物同时采集下来。例如，在滤料阻留法的采样夹后接上气体吸收管或填充柱，则颗粒物收集在滤料上，而气体污染物收集在吸收管或填充柱中。

四、采样效率

一个采样方法或一种采样器的采样效率是指在规定的采样条件（如采样流量、污染物浓度范围、采样时间等）下所采集到的污染物量占其总量的百分数。由于污染物的存在状态不同，评价方法也不同。

1. 采集气态和蒸气态污染物质效率的评价方法

（1）绝对比较法　精确配制一个已知浓度为 C_0 的标准气体，用所选用的采样方法采集，测定被采集的污染物浓度（C_1），其采样效率（K）为：

$$K = \frac{C_1}{C_0} \times 100\%$$

用这种方法评价采样效率虽然比较理想，但因配制已知浓度的标准气有一定困难，往往在实际应用时受到限制。

（2）相对比较法　配制一个恒定的但不要求知道待测污染物准确浓度的气体样品，用 2～3 个采样管串联起来采集所配制的样品。采样结束后，分别测定各采样管中污染物的浓度，其采样效率（K）为：

$$K = \frac{C_1}{C_1 + C_2 + C_3} \times 100\%$$

式中，C_1、C_2、C_3 分别为第一～三个采样管中污染物的实测浓度。第二、第三个采样管的污染物浓度之和与第一个采样管比较，所占比例越小，采样效率越高。一般要求 K 值在 90% 以上。采样效率过低时，应更换采样管、吸收剂或降低抽气速度。

2. 采集气态采集颗粒物效率的评价方法

对颗粒物的采集效率有两种表示方法。一种是用采集颗粒数效率表示，即所采集到的颗粒物粒数占总颗粒数的百分数。另一种是质量采样效率，即所采集到的颗粒物质量占颗粒物总质量的百分数。只有全部颗粒物的大小相同时，这两种采样效率在数值上才相等。但是，实际上这种情况是不存在的，而粒径几微米以下的小颗粒物的颗粒数总是占大部分，而按质量计算却只占很小部分，故质量采样效率总是大于颗粒采样效率。在大气监测评价中，评价采集颗粒物方法的采样效率多用质量采样效率表示。

评价采集颗粒物方法的效率与评价采集气态和蒸气态物质采样效率的方法有很大不同。一则配制已知颗粒物浓度的气体在技术上比配制气态和蒸气态物质标准气体要复杂得多，而且颗粒物粒度范围很大，很难在实验室模拟现场存在的气溶胶各种状态。二则滤料采样就像滤筛一样，能漏过第一张滤料的细小颗粒物，也有可能会漏过第二张或第三张滤料，因此用相对比较法评价颗粒物的采样效率就有困难。鉴于以上情况，评价滤料采样法效率一般用另一个已知采样效率高的方法同时采样，或串联在它的后面进行比较得出。对颗粒采样效率的测定，常用一个灵敏度很高的颗粒计数器测量进入滤料前后的空气中的颗粒数来计算。

第三节　土壤样品的采集与加工

采集土壤样品包括根据监测目的和监测项目确定采样点的布设、采样深度、采样量和样品类型。这里主要介绍一下土壤样品的采集和加工。

一、土壤样品的采集

1. 混合样品

如果只是一般地了解土壤的污染状况，对种植一般农作物的耕地，只需要采集0～20cm耕作层土壤；对种植果林类农作物的耕地，采集 0～60cm 耕作层土壤。将在一个采样单元内采集的土壤样品混合均匀制成混合样，采用四分法弃舍，最后留下 1～2kg 装入样品袋。

2. 剖面样品

如果了解土壤污染深度，则应按土壤剖面层次分层采样。土壤剖面指地面向下的垂直土体的切面。在垂直切面上可观察到与地面大致平行的若干层具有不同颜色、性状的土层。

采集土壤剖面样品时，需在特定采样点挖掘一个 1m×1.5m 左右的长方形坑，深度在 2m 以内，一般要求到达母岩层或地下潜水层即可。根据土壤剖面颜色、结构、质地、疏松度、温度、植物根系分布等划分土层，并进行仔细观察，将剖面形态、特征自上而下逐一记录。随后在各层最典型的中部自下而上逐层用小土铲切取一片片土样，每个采样点的取样深度和取样量一致。将同层土样混合均匀，各取1kg 土样，分别装入样品袋。

二、土壤样品的加工

土壤样品的加工又称样品制备，其处理程序是：风干、磨碎、过筛、混合、分装，制成满足分析要求的土壤样品。加工处理的目的是：除去非土部分，使结果能代表土壤本身的组成；有利于样品长时间的保存；通过磨碎、混合，使分析时称量的样品具有高度的代表性。

1. 样品的风干

除测定游离挥发酚、铵态氮、硝态氮、低价铁等不稳定项目需要新鲜土样外，多数项目需用风干土样。因为风干土样较易混合均匀，重复性、准确性都比较好。

从野外采集的土壤样品运到实验室后，为避免受微生物的作用引起发霉变质，应立即将全部样品倒在塑料薄膜上或瓷盘内进行风干。当达半干状态时把土块压碎，除去石块、残根等杂物后铺成 2cm 厚的薄层，经常翻动，在阴凉处使其慢慢风干，切忌阳光直接曝晒。

2. 磨碎与过筛

如果进行土壤颗粒物分析及物理性质测定等物理分析，取风干样品 $100\sim200g$ 于有机玻璃板上，放在木板上用圆木棍辗碎，经反复处理使土样全部通过 2mm（10 目）孔径的筛子，将土样混均后贮于广口玻璃瓶内。

如果进行化学分析，土壤颗粒物的粒度影响测定结果的准确度。即使对于一个混合均匀的土样，由于土粒的大小不同，其化学成分也不同，因此，应根据分析项目不同处理成大小适宜的土壤颗粒。分析土壤 pH、土壤交换量等项目应取全部通过 0.84mm（20 目）孔径尼龙筛的土壤样品；分析农药、有机质、全氮项目，应取一部分已过 2mm 筛的土样，用玛瑙研钵继续研细，使其全部通过 0.25mm（60 目）孔径尼龙筛的土壤样品。通过 0.149mm（100 目）孔径尼龙筛的土壤样品用于元素分析。

第三章　水和废水监测实验

实验一　悬浮物和浊度的测定

浊度是反映水中的不溶性物质（例如水中的泥沙、黏土、无机物、有机物、浮游生物和微生物等）对光线透过时阻碍程度的指标，通常仅用于天然水和饮用水。而废水中不溶性物质含量高，一般要求测定悬浮物的含量。

一、实验目的

① 了解悬浮物和浊度基本概念。

② 掌握悬浮物和浊度等指标的测定方法。

二、实验方法

（一）悬浮物的测定

1. 原理

悬浮物（SS）指水样经过滤后留在过滤器上，并于 103～105℃烘至恒重后得到的物质。包括不溶于水的泥砂，各种污染物、微生物及难溶无机物等。常用的滤器有滤纸、滤膜、石棉坩埚。由于它们的滤孔大小不一致，故报告结果时应注明。石棉坩埚通常用于过滤酸或碱浓度高的水样。工业废水和生活污水含大量无机、有机悬浮物，易堵塞管道、污染环境，因此，悬浮物为环境监测中必测指标。

2. 仪器

① 烘箱。

② 分析天平。

③ 干燥器。

④ 孔径为 0.45μm 的滤膜及相应的滤器或中速定量滤纸。

⑤ 内径为 30～50mm 的称量瓶。

3. 测定步骤

① 将滤膜或中速定量滤纸放在称量瓶中，打开瓶盖，在 103～105℃烘干0.5h，取出冷却后盖好瓶盖称重，反复烘干、冷却、称量，直至恒重（两次称量相差不超过 0.2mg）。

② 量取均匀适量去除漂浮物后水样（使悬浮物量为 500～1000mg），利用上面称至恒重的滤膜过滤；用蒸馏水洗残渣 3～5 次。如样品中含油脂，用 10mL 石油醚分两次淋洗残渣。

③ 小心取下滤膜，放入原称量瓶内，在 103～105℃烘箱中，打开瓶盖烘 1h，移入干燥器中，冷却后盖好盖称重，反复烘干、冷却、称量，直至两次称量差≤0.4mg 为止。

4. 结果处理

$$\rho(悬浮物, mg / L) = \frac{m_A - m_B}{V} \times 10^6$$

式中　m_A——悬浮固体＋滤膜及称量瓶质量，g；

m_B——滤膜及称量瓶质量，g；

V——水样体积，mL。

5. 注意事项

① 树叶、木棒、水草等杂质应先从水样中除去。

② 废水黏度高时，可加 2～4 倍蒸馏水稀释，振荡均匀，待沉淀物下降后再过滤。

（二）浊度的测定

1. 原理

浊度是表征水中不溶物对光线透过时所发生的阻碍程度。水中含有泥土、粉砂、微细有机物、无机物、浮游动物和其他微生物等悬浮物和胶体物都可使水样呈现浊度。浊度大小不仅和水中存在颗粒物含量有关，而且和其粒径大小、形状、颗粒表面对光散射特性有密切关系。测定浊度的方法有分光光度法、目视比浊法和浊度计法。

目视比浊法是根据水样的混浊程度，配制不同浊度的标准溶液，将其与同体积的水样进行目视比较，即得水样浊度。

分光光度法是在适当温度下，将一定量的硫酸肼与六次甲基四胺聚合，生成白色高分子聚合物，以此作为浊度标准溶液，在一定条件下（680nm 波长，3cm 的比色皿）与水样浊度比较。首先测定系列浊度标准溶液的吸光度，绘制标准曲线，然后在相同条件下，测定水样的吸光度，在标准曲线上查得相应的浊度值。

2. 仪器

① 分光光度计：配 30mm 比色皿。

② 具塞比色管：100mL。

③ 容量瓶：250mL、1000mL。

④ 量筒：1000mL。

3. 试剂

（1）浊度标准液（目视比浊法）

① 称取 10g 通过 0.1mm 筛孔（150 目）的硅藻土，于研钵中加入少许蒸馏水调成糊状并研细，移至 1000mL 量筒中，加水至刻度。充分搅拌，静置 24h，用虹吸法仔细将上层 800mL 悬浮液移至第二个 1000mL 量筒中。向第二个量筒内加水

至1000mL，充分搅拌后再静置24h。虹吸出上层含较细颗粒的800mL悬浮液，弃去。下部沉积物加水稀释至1000mL，充分搅拌后贮于具塞玻璃瓶中，作为浊度原液，其中含硅藻土颗粒直径大约为400μm。取上述悬浊液50mL置于已恒重的蒸发皿中，在水浴上蒸干。于105℃烘箱内烘2h，置干燥器中冷却30min，称重。重复以上操作，即烘1h、冷却、称重，直至恒重。求出每毫升悬浊液中含硅藻土的质量（mg）。

② 浊度为250度标准溶液：吸取含250mg硅藻土的浊度原液，置于1000mL容量瓶中，加入10mL甲醛溶液，加水至刻度，摇匀。

③ 浊度为100度的标准溶液：吸取浊度为250度的标准液100mL，置于250mL容量瓶中，用水稀释至标线。

（2）浊度标准液（分光光度法）

① 硫酸肼溶液：称取1.000g硫酸肼 $[(NH_2)_2SO_4 \cdot H_2SO_4]$ 溶于水中，定容至100mL。

② 六次甲基四胺溶液：称取10.000g六次甲基四胺溶于水中，定容至100mL。

③ 浊度标准溶液：吸取5.00mL硫酸肼溶液与5.00mL六次甲基四胺溶液于100mL容量瓶中混匀，于（25±3）℃下静置反应24h。冷却后用水稀释至标线，混匀。此溶液浊度为400度，可保存一个月。

4. 测定步骤

（1）目视比浊法

① 浊度低于10度的水样。

a. 吸取浊度为100度的标准液0mL、1.0mL、2.0mL、3.0mL、4.0mL、5.0mL、6.0mL、7.0mL、8.0mL、9.0mL及10.0mL分别于100mL具塞比色管中，加水稀释至标线，混匀。其浊度依次为0度、1.0度、2.0度、3.0度、4.0度、5.0度、6.0度、7.0度、8.0度、9.0度、10.0度的标准液。

b. 取100mL摇匀水样置于100mL比色管中，与浊度标准液进行比较。可在黑色底板上，由上往下垂直观察。

② 浊度为10度以上的水样

a. 吸取浊度为250度的标准液0mL、10mL、20mL、30mL、40mL、50mL、60mL、70mL、80mL及100mL置于250mL的容量瓶中，加水稀释至标线，混匀。即得浊度为0度、10度、20度、30度、40度、50度、60度、70度、80度、90度和100度的标准液，移入成套的250mL具塞玻璃瓶中，密塞保存。

b. 取250mL摇匀水样，置于成套的250mL具塞玻璃瓶中，瓶后放一有黑线的白纸作为判别标志。从瓶前向后观察，根据目标清晰程度，选出与水样产生视觉效果相近的标准液，记下其浊度值。

c. 水样浊度超过100度时，用水稀释后测定。

（2）分光光度法

① 标准曲线的绘制：吸取浊度标准溶液 0mL、0.50mL、1.25mL、2.50mL、5.00mL、10.00mL 和 12.50mL，置于 50mL 比色管中，加无浊度水至标线。摇匀后即得浊度为 0 度、4 度、10 度、20 度、40 度、80 度、100 度的标准系列。在 680nm 波长下，用 30mm 比色皿，测定吸光度，绘制标准曲线。

② 水样的测定：吸取 50.0mL 摇匀水样（无气泡，如浊度超过 100 度可酌情少取，用无浊度水稀释至 50.0mL）于 50mL 比色管中，按绘制标准曲线步骤测定吸光度，由标准曲线上查得水样浊度。

5. 结果处理

$$浊度 = \frac{A \times (V_B + V_C)}{V_C}$$

式中　A——稀释后水样的浊度；

　　V_B——稀释水体积，mL；

　　V_C——原水样体积，mL。

6. 注意事项

① 最好用无浊度水（蒸馏水通过 0.2μm 滤膜过滤）稀释浊度标液及水样。

② 测定前应摇匀水样。

实验二　水和废水色度的测定

纯水是无色透明的，当水体中存在某些物质时，会表现出一定的颜色。水的颜色可分为真色和表色两种。真色是指去除悬浮物后水的颜色；没有去除悬浮物的水所具有的颜色称为表色。对于清洁或浊度很低的水，其真色和表色相近；对于着色很深的工业废水，二者差别较大。水的色度一般是指真色而言。天然水和轻度污染水可用铂钴比色法测定色度，对工业有色废水常用稀释倍数法辅以文字描述。

一、实验目的

① 了解真色、表色和色度的含义。

② 掌握铂钴比色法和稀释倍数法测定色度的方法。

二、实验方法

(一)铂钴比色法

1. 原理

用氯铂酸钾与氯化钴配成标准色列，与水样进行目视比色。每升水中含有 1mg 铂和 0.5mg 钴时所具有的颜色，称为 1 度，作为标准色度单位（可用重铬酸钾代替氯铂酸钾配制标准色列）。如水样浑浊，则放置澄清，亦可用离心法或用孔径为 $0.45\mu m$ 滤膜过滤以去除悬浮物，但不能用滤纸过滤，因滤纸可吸附部分溶解于水的颜色。

2. 仪器和试剂

① 具塞比色管：50mL，标线高度应一致。

② 铂钴标准溶液：称取 1.246g 氯铂酸钾（K_2PtCl_6）（相当于 500mg 铂）及 1.000g 氯化钴（$CoCl_2 \cdot 6H_2O$）(相当于 250mg 钴)，溶于 100mL 水中，加 100mL 浓盐酸，用水定容至 1000mL。此溶液色度为 500 度，保存在密塞玻璃瓶中，存放暗处。

可用重铬酸钾代替氯铂酸钾配制标准色列。方法是：称取 0.0437g 重铬酸钾和 1.000g 硫酸钴（$CoSO_4 \cdot 7H_2O$），溶于少量水中，加入 0.50mL 浓硫酸，用水稀释至 500mL。此溶液的色度为 500 度。不宜久存。

3. 测定步骤

(1) 标准色列的配制　向 50mL 比色管中加入 0mL、0.5mL、1.00mL、1.50mL、2.00mL、2.50mL、3.00mL、3.50mL、4.00mL、4.50mL、5.00mL、6.00mL 及 7.00mL 铂钴标准溶液，用水稀释至标线，混匀。各管的色度依次为 0 度、5 度、10 度、15 度、20 度、25 度、30 度、35 度、40 度、45 度、50 度、60

度和 70 度。

（2）水样的测定

① 分取 50.0mL 澄清透明水样于比色管中，如水样色度较大，可酌情少取水样，用水稀释至 50.0mL。

② 将水样与标准色列进行目视比较。观察时可将比色管置于白瓷板或白纸上，使光线从管底部向上透过液柱，目光自管口垂直向下观察，记下与水样色度相同的铂钴标准色列的色度。

4. 结果处理

$$色度 = \frac{A \times 50}{V}$$

式中 A——稀释后水样相当于铂钴标准色列的色度；

V——水样的体积，mL；

50——水样稀释后的体积，即具塞比色管的体积，mL。

（二）稀释倍数法

1. 原理

将有色工业废水用无色水稀释到接近无色时，记录稀释倍数，以此表示该水样的色度。并辅以用文字描述颜色性质，如深蓝色、棕黄色等。

2. 仪器

具塞比色管：50mL，其标线高度要一致。

3. 测定步骤

① 取 100～150mL 澄清水样置于烧杯中，以白色瓷板为背景，观察并描述其颜色种类。

② 分取澄清的水样，用水稀释成不同倍数，取 50mL 分别置于 50mL 比色管中，管底部衬一白瓷板，由上向下观察稀释后水样的颜色，并与无色水相比较，直至刚好看不出颜色，记录此时的稀释倍数。

三、 注意事项

① 如果水样中有泥土或其他分散很细的悬浮物，虽经预处理而得不到透明水样时，则只测其表色。

② 如测定水样的真色，应放置澄清取上清液，或用离心法去除悬浮物后测定；如测定水样的表色，待水样中的大颗粒悬浮物沉降后，取上清液测定。

实验三　溶解氧的测定

　　溶解在水中的分子态氧称为溶解氧。天然水体中溶解氧的含量取决于水体与大气中氧的平衡，溶解氧的饱和含量和空气中氧的分压、大气压力、水温有密切关系。清洁地表水溶解氧一般接近饱和。由于藻类的生长，溶解氧可能过饱和。水体受有机、无机还原性物质污染，使溶解氧降低。当大气中的氧来不及补充时，水中溶解氧逐渐降低，以至趋近于零，此时厌氧繁殖，水质恶化。

　　测定水中溶解氧常用碘量法及其修正法和氧电极法。清洁水可用碘量法；受污染的地表水和工业废水必须用修正的碘量法或氧电极法。

一、　实验目的

① 掌握碘量法测定水中溶解氧的原理和方法。

② 了解测定溶解氧的意义。

二、　实验原理

　　水样中加入硫酸锰和碱性碘化钾，水中溶解氧将低价锰氧化成高价锰，生成四价锰的氢氧化物棕色沉淀。加酸后，氢氧化物沉淀溶解并与碘离子反应而释出游离碘。以淀粉作指示剂，用硫代硫酸钠滴定释出碘，可计算溶解氧的含量。反应式如下：

$$MnSO_4 + 2NaOH == Na_2SO_4 + Mn(OH)_2 \downarrow$$
$$2Mn(OH)_2 + O_2 == 2MnO(OH)_2 \downarrow (棕色沉淀)$$
$$MnO(OH)_2 + 2H_2SO_4 == Mn(SO_4)_2 + 3H_2O$$
$$Mn(SO_4)_2 + 2KI == MnSO_4 + K_2SO_4 + I_2$$
$$2Na_2S_2O_3 + I_2 == Na_2S_4O_6 + 2NaI$$

三、　仪器

① 溶解氧瓶。

② 碘量瓶：250mL。

③ 酸式滴定管：25mL。

四、　试剂

　　① 硫酸锰溶液：称取 480g 硫酸锰（$MnSO_4 \cdot 4H_2O$ 或 360g $MnSO_4 \cdot H_2O$）溶于水，用水稀释至 1000mL。此溶液加至酸化过的碘化钾溶液中，遇淀粉不得产生蓝色。

　　② 碱性碘化钾溶液：称取 500g 氢氧化钠溶解于 300～400mL 水中，另称取

150g 碘化钾（或 135g NaI）溶于 200mL 水中，待氢氧化钠溶液冷却后，将两溶液合并，混匀，用水稀释至 1000mL。如有沉淀，则放置过夜后，倾出上清液，贮于棕色瓶中。用橡皮塞塞紧，避光保存。此溶液酸化后，遇淀粉应不呈蓝色。

③（1+5）硫酸溶液：在不断搅拌下，将 100mL 浓硫酸慢慢加入到 500mL 水中。

④ 淀粉溶液：$\rho=10g/L$。称取 1g 可溶性淀粉，用少量水调成糊状，再用刚煮沸的水冲稀至 100mL。冷却后，加入 0.1g 水杨酸或 0.4g 氯化锌防腐。

⑤ 重铬酸钾标准溶液：c（$1/6\ K_2Cr_2O_7$）$=0.02500mol/L$。称取于 $105\sim110℃$ 烘干 2h 并冷却的重铬酸钾 1.2258g，溶于水，移入 1000mL 容量瓶中，用水稀释至标线，摇匀。

⑥ 硫代硫酸钠溶液：$\rho=6.2g/L$。称取 6.2g 硫代硫酸钠（$Na_2S_2O_3 \cdot 5H_2O$）溶于煮沸放冷的水中，加入 0.2g 碳酸钠，用水稀释至 1000mL，贮于棕色瓶中。使用前用 0.02500mol/L 重铬酸钾标准溶液标定。

标定方法：于 250mL 碘量瓶中，加入 100mL 蒸馏水和 1g 碘化钾，加入 10.00mL 0.02500mol/L 重铬酸钾标准溶液、5mL（1+5）硫酸溶液，加塞、摇匀。于暗处静置 5min 后，用待标定的硫代硫酸钠溶液滴定至溶液呈淡黄色，加入 1mL 淀粉溶液，继续滴定至蓝色刚好褪去为止，记录用量。

$$c=\frac{10.00\times0.02500}{V}$$

式中　c——硫代硫酸钠溶液的浓度，mol/L；

V——滴定时消耗硫代硫酸钠溶液的体积，mL。

五、实验步骤

① 将洗净的 250mL 碘量瓶用待测水样荡洗 3 次。用虹吸法取水样注满碘量瓶，迅速盖好瓶塞，瓶中不能留有气泡，平行做 3 份水样。

② 取下瓶塞，用吸管插入溶解氧瓶的液面下，加入 1mL 硫酸锰溶液、2mL 碱性碘化钾溶液，盖好瓶塞，颠倒混合数次，静置。待棕色沉淀物降至瓶内一半时，再颠倒混合数次，继续静置，待沉淀物下降到瓶底后，轻轻打开瓶塞，立即用吸管插入液面下加入 2.0mL 浓硫酸。小心盖好瓶塞，颠倒混合摇匀，至沉淀物全部溶解为止，放置暗处 5min。

③ 从每个碘量瓶内取出 2 份 100.0mL 水样于 250mL 锥形瓶中，用硫代硫酸钠溶液滴定至溶液呈淡黄色，加入 1mL 淀粉溶液，继续滴定至蓝色刚好褪去为止，记录硫代硫酸钠溶液用量。

六、结果处理

$$溶解氧(O_2，mg/L)=\frac{c\times V\times8\times1000}{100}$$

式中　c——硫代硫酸钠溶液的浓度，mol/L；

V——滴定时消耗硫代硫酸钠溶液体积，mL。

七、注意事项

① 如果水样中含有氧化性物质（如游离氯大于 0.1mg/L 时），应预先于水样中加入硫代硫酸钠除去。即用两个溶解氧瓶各取一瓶水样，在其中一瓶加入 5mL (1＋5)硫酸和 1g 碘化钾，摇匀，此时游离出碘。以淀粉作指示剂，用硫代硫酸钠滴定至蓝色刚好褪去，记下用量（相当于去除游离氯的量）。于另一瓶水样中，加入同样量的硫代硫酸钠，摇匀后，按操作步骤测定，以消除游离氯的影响。

② 如果水样呈现强酸性或强碱性，可用氢氧化钠或硫酸调节至中性后测定。

实验四　高锰酸盐指数的测定

高锰酸盐指数，亦被称为化学需氧量的高锰酸钾法即 COD_{Mn}，是指在酸性和碱性环境下，以 $KMnO_4$ 为氧化剂，处理水样时所消耗的氧化剂的量，以氧的质量浓度（mg/L）来表示。水中亚硝酸盐、亚铁盐、硫化物等还原性物质和在此条件下可被氧化的有机物均可消耗高锰酸钾。因此，高锰酸盐指数常被作为地表水受有机物污染和还原性无机物质污染的综合指标。由于在规定条件下水中的有机物只能被部分氧化，并不是理论上的需氧量，所以不能反映水体中有机物总的含量。

一、 实验目的

① 了解测定高锰酸盐指数的意义。

② 掌握高锰酸盐指数的测定原理和方法。

二、 实验原理

1. 酸性法

水样加入硫酸使呈酸性后，加入一定量的高锰酸钾溶液，并在沸水浴中加热30min，高锰酸钾将水样中某些有机物和无机物还原性物质氧化，反应后加入过量的草酸钠溶液还原剩余的高锰酸钾，再用高锰酸钾标准溶液回滴过量的草酸钠，通过计算求出高锰酸盐指数值。

显然，高锰酸盐指数是一个相对条件性指标，其测定结果与溶液的酸度、高锰酸钾溶液浓度、加热温度和时间有关。因此，测定时必须严格遵守操作规定，使结果具有可比性。

酸性高锰酸钾法适用于 Cl^- 含量不超过 300mg/L 的水样。当高锰酸盐指数超过 5mg/L 时，应少取水样并经稀释后再测定。

2. 碱性法

当水样 Cl^- 浓度高于 300mg/L 时，应采用碱性法。

加一定量高锰酸钾溶液于水样中，加热前将溶液用氢氧化钠调至碱性，加热一定时间以氧化水中的还原性无机物和部分有机物。在加热反应之后加酸酸化，用草酸钠溶液还原剩余的高锰酸钾并加入过量，再以高锰酸钾溶液滴定过量的草酸钠至微红色。

以下是酸性法所用的仪器、试剂和实验步骤。

三、 仪器

① 沸水浴装置。

② 锥形瓶：250mL。

③ 酸式滴定管：25mL。

四、 试剂

① 高锰酸钾标准贮备液：$c(1/5KMnO_4)＝0.1mol/L$。称取 3.2g 高锰酸钾溶于 1.2L 水中，加热煮沸，使体积减少到约 1L，在暗处放置过夜，用 G-3 砂芯玻璃漏斗过滤后，滤液贮于棕色瓶中保存。使用前用 0.1000mol/L 草酸钠标准贮备液标定，求得实际浓度。

② 高锰酸钾标准溶液：$c(1/5KMnO_4)＝0.0100mol/L$。吸取一定量的上述高锰酸钾贮备液，用水稀释至 1000mL，并调节至 0.0100mol/L 准确浓度，贮于棕色瓶。使用当天应进行标定。

③（1+3）硫酸溶液：在不断搅拌下，将 100mL 浓硫酸慢慢加入到 300mL 水中。配制时趁热加入数滴高锰酸钾溶液至呈微红色。

④ 草酸钠标准贮备液：$c(1/2Na_2C_2O_4)＝0.1000mol/L$。称取 0.6705g 在 105～110℃烘干 1h 并冷却的优级纯草酸钠溶于水，移入 100mL 容量瓶中，用水稀释至标线。

⑤ 草酸钠标准溶液：$c(1/2Na_2C_2O_4)＝0.0100mol/L$。吸取 10.0mL 上述草酸钠标准贮备液移入 100mL 容量瓶中，用水稀释至标线。

五、 实验步骤

1. 水样的采集与保存

水样采集不应少于 500mL，应保存在洁净的玻璃瓶中。采集好的水样应在 24h 内测定，否则应加入硫酸将水样酸化至 pH≤2，在 0～4℃保存，一般可保存 2d。

2. 水样的测定

① 取 100.0mL 混匀水样（如高锰酸盐指数高于 5mg/L，则酌情少取，并用水稀释至 100mL）于 250mL 锥形瓶。

② 加入 5mL（1+3）硫酸，混匀。

③ 加入 10.00mL 0.0100mol/L 高锰酸钾标准溶液，摇匀，立即放入沸水浴中加热（30±2）min（从水浴重新沸腾时计时），沸水浴液面要高于反应溶液液面。

④ 取下锥形瓶，趁热加入 10.00mL 0.0100mol/L 草酸钠标准溶液至溶液无色，摇匀，立即用 0.0100mol/L 高锰酸钾标准溶液滴定至显微红色，并保持 30s 不褪。记录高锰酸钾溶液消耗量 V_1。

⑤ 空白实验：用 100.0mL 蒸馏水（不含有机物）代替水样，按步骤①～④测定，记录回滴的高锰酸钾标准溶液体积 V_0。再向空白实验滴定后的溶液中加入 10.00mL 0.0100mol/L 草酸钠标准溶液。如需要溶液加热至 80℃。用 0.0100mol/L 高锰酸钾标准溶液滴定至显微红色，并保持 30s 不褪。记录高锰酸钾溶液消耗量 V_2。

六、 结果处理

（1）水样不经稀释

$$高锰酸盐指数(O_2, mg/L) = \frac{\left[(10.00 + V_1)\dfrac{10.0}{V_2} - 10.00\right] \times c \times 8 \times 1000}{100.0}$$

式中　V_1——水样回滴草酸钠消耗高锰酸钾标准溶液（$1/5KMnO_4$）的体积，mL；

　　　V_2——标定时消耗的高锰酸钾溶液的体积，mL；

　　　c——草酸钠标准溶液（$1/2Na_2C_2O_4$）浓度，mol/L；

　　　8——氧（$1/2O$）摩尔质量，g/mol。

（2）水样经稀释

$$高锰酸盐指数(O_2, mg/L) =$$

$$\frac{\left\{\left[(10.00 + V_1)\dfrac{10.0}{V_2} - 10.00\right] - \left[(10.00 + V_0)\dfrac{10.0}{V_2} - 10.00\right] \times f\right\} \times c \times 8 \times 1000}{V_3}$$

式中　V_0——空白实验中消耗高锰酸钾标准溶液（$1/5KMnO_4$）的体积，mL；

　　　V_1——水样回滴草酸钠消耗高锰酸钾标准溶液（$1/5KMnO_4$）的体积，mL；

　　　V_2——标定时消耗的高锰酸钾溶液的体积，mL；

　　　V_3——取原水样体积，mL；

　　　f——稀释后的水样中含稀释水的比例，例如 10.0mL 水样，加 90mL 水稀释至 100mL，则 $f = 0.9$。

七、 注意事项

① 水样在水浴中加热完毕后，溶液仍应保持淡红色，如变浅或全部褪去，说明高锰酸钾的用量不够，此时应将水样稀释倍数加大后再测定，使加热氧化后残留的高锰酸钾为其加入量的 $1/3 \sim 1/2$。

② 沸水浴的水面要高于锥形瓶内反应溶液的液面，样品从沸水浴中取出后到滴定完成的时间应控制在 2min 内。

③ 在酸性条件下，草酸钠和高锰酸钾的反应温度应保持在 $60 \sim 80℃$，所以滴定操作必须趁热进行，若溶液温度过低，须适当加热。

实验五　化学需氧量的测定——重铬酸钾法（COD_{Cr}）

化学需氧量（COD），是指在一定条件下，用强氧化剂氧化水样时所消耗的氧化剂的量，以氧的质量浓度（mg/L）来表示。化学需氧量反映了水中还原性物质污染的程度。水中还原性物质包括有机物、亚硝酸盐、亚铁盐、硫化物等。基于水体被有机物污染是普遍的现象，该指标也作为有机污染物相对含量的综合指标之一，但是只能反映能被氧化剂氧化的有机污染物。

化学需氧量的测定结果，受加入氧化剂的种类及浓度，反应溶液的酸度、反应温度和时间，以及催化剂的有无而获得不同的结果。因此化学需氧量亦是一个条件性指标，必须严格按操作步骤进行。

对于工业废水，我国规定用重铬酸钾法，其测得的值称为化学需氧量。

一、实验目的

① 掌握重铬酸钾法测定化学需氧量的原理和方法。

② 了解测定化学需氧量的意义和方法。

二、实验原理

在强酸性溶液中，用一定量的重铬酸钾氧化水样中的还原性物质，过量的重铬酸钾以试亚铁灵作指示剂，用硫酸亚铁铵溶液回滴。根据硫酸亚铁铵溶液用量算出水样的化学需氧量。

酸性重铬酸钾氧化性很强，可氧化大部分有机物，加入硫酸银作催化剂时，直链脂肪族化合物可完全被氧化，而芳香族有机物却不易被氧化，吡啶不被氧化，挥发性直链脂肪族化合物、苯等有机物存在于蒸气相，不能与氧化剂溶液接触，氧化不明显。氯离子能被重铬酸盐氧化，并且能与硫酸银作用生成沉淀，影响测定结果，故在回流前向水样中加入硫酸汞，使之成为络合物以消除干扰。氯离子含量高于 2000mg/L 的样品应先作定量稀释，使含量降低至 2000mg/L 以下，再行测定。

用 0.2500mol/L 的重铬酸钾溶液可测定大于 50mg/L 的 COD 值。用 0.0250mol/L 的重铬酸钾溶液可测定 5～50mg/L 的 COD 值，但准确度较差。

三、仪器

① 回流装置：带 250mL 磨口锥形瓶的全玻璃回流装置；

② 加热装置：电热板或变阻电炉；

③ 酸式滴定管：25mL 或 50mL。

四、试剂

① 重铬酸钾标准溶液：c（1/6 $K_2Cr_2O_7$）＝0.2500mol/L。称取预先在 120℃

烘干 2h 的基准或优质纯重铬酸钾 12.258g 溶于水中，移入 1000mL 容量瓶，稀释至标线，摇匀。

② 试亚铁灵指示液：称取 1.485g 邻菲啰啉（$C_{12}H_8N_2 \cdot H_2O$）和 0.695g 硫酸亚铁（$FeSO_4 \cdot 7H_2O$）溶于水中，稀释至 100mL，贮于棕色瓶内。

③ 硫酸亚铁铵标准溶液：$c[(NH_4)_2Fe(SO_4)_2 \cdot 6H_2O] \approx 0.1mol/L$。称取 39.5g 硫酸亚铁铵溶于水中，边搅拌边缓慢加入 20mL 浓硫酸，冷却后移入 1000mL 容量瓶中，加水稀释至标线，摇匀。临用前，用重铬酸钾标准溶液标定。

标定方法：准确吸取 10.00mL 重铬酸钾标准溶液于 500mL 锥形瓶中，加水稀释至 110mL 左右，缓慢加入 30mL 浓硫酸，混匀。冷却后，加入 3 滴试亚铁灵指示液（约 0.15mL），用硫酸亚铁铵溶液滴定，溶液的颜色由黄色经蓝绿色至红褐色即为终点。

$$c = \frac{0.2500 \times 10.00}{V}$$

式中　c——硫酸亚铁铵标准溶液的浓度，mol/L；

V——硫酸亚铁铵标准溶液的用量，mL。

④ 硫酸-硫酸银溶液：于 500mL 浓硫酸中加入 5g 硫酸银。放置 1～2d，不时摇动使其溶解。

⑤ 硫酸汞：结晶或粉末。

五、　实验步骤

1. 水样的采集与保存

水样采集不应少于 500mL，应保存在洁净的玻璃瓶中。采集好的水样应在 24h 内测定，否则应加入硫酸将水样酸化至 pH≤2，在 0～4℃保存，一般可保存 2d。

2. 水样的测定

① 取 20.00mL 混合均匀的水样（或适量水样稀释至 20.00mL）置于 250mL 磨口的回流锥形瓶中，准确加入 10.00mL 重铬酸钾标准溶液及数粒小玻璃珠或沸石，连接磨口回流冷凝管，从冷凝管上口慢慢地加入 30mL 硫酸-硫酸银溶液，轻轻摇动锥形瓶使溶液混匀，加热回流 2h（自开始沸腾时计时）。

对于化学需氧量高的废水样，可先取上述操作所需体积 1/10 的废水样和试剂于 15mm×150mm 硬质玻璃试管中，摇匀，加热后观察是否呈绿色。如溶液显绿色，再适当减少废水取样量，直至溶液不变绿色为止，从而确定废水样分析时应取用的体积。稀释时，所取废水样量不得少于 5mL，如果化学需氧量很高，则废水样应多次稀释。废水中氯离子含量超过 30mg/L 时，应先把 0.4g 硫酸汞加入回流锥形瓶中，再加 20.00mL 废水（或适量废水稀释至 20.00mL），摇匀。

② 冷却后，用 90mL 水冲洗冷凝管壁，取下锥形瓶。溶液总体积不得少于 140mL，否则因酸度太大，滴定终点不明显。

③ 溶液再度冷却后，加 3 滴试亚铁灵指示液，用硫酸亚铁铵标准溶液滴定，溶液的颜色由黄色经蓝绿色至红褐色即为终点，记录硫酸亚铁铵标准溶液的用量。

④ 测定水样的同时，取 20.00mL 重蒸馏水，按同样操作步骤做空白实验。记录滴定空白时硫酸亚铁铵标准溶液的用量。

六、结果处理

$$\text{COD}_{\text{Cr}}(O_2, \text{mg/L}) = \frac{(V_0 - V_1) \times c \times 8 \times 1000}{V}$$

式中　c——硫酸亚铁铵标准溶液的浓度，mol/L；

　　　V_0——滴定空白时硫酸亚铁铵标准溶液的用量，mL；

　　　V_1——滴定水样时硫酸亚铁铵标准溶液的用量，mL；

　　　V——水样的体积，mL；

　　　8——氧（1/2O）摩尔质量，g/mol。

七、注意事项

① 使用 0.4g 硫酸汞络合氯离子的最高量可达 40mg，如取用 20.00mL 水样，即最高可络合 2000mg/L 氯离子浓度的水样。若氯离子的浓度较低，也可少加硫酸汞，使保持硫酸汞：氯离子＝10∶1（质量分数）。若出现少量氯化汞沉淀，并不影响测定。

② 水样取用体积可在 10.00～50.00mL 范围内，但试剂用量及浓度需按表 3-1 进行相应调整，也可得到满意的结果。

表 3-1　水样取用量和试剂用量表

水样体积/mL	0.2500mol/L $K_2Cr_2O_7$ 溶液/mL	硫酸-硫酸银 溶液/mL	硫酸汞 /g	硫酸亚铁铵 溶液/(mol/L)	滴定前 总体积/mL
10.0	5.0	15	0.2	0.050	70
20.0	10.0	30	0.4	0.100	140
30.0	15.0	45	0.6	0.150	210
40.0	20.0	60	0.8	0.200	280
50.0	25.0	75	1.0	0.250	350

③ 对于化学需氧量小于 50mg/L 的水样，应改用 0.0250mol/L 重铬酸钾标准溶液。回滴时用 0.0100mol/L 硫酸亚铁铵标准溶液。

④ 水样加热回流后，溶液中重铬酸钾剩余量应为加入量的 1/5～4/5 为宜。

⑤ 用邻苯二甲酸氢钾标准溶液检查试剂的质量和操作技术时，由于每克邻苯二甲酸氢钾的理论 COD_{Cr} 为 1.176g，所以溶解 0.4251g 邻苯二甲酸氢钾（$HOOCC_6H_4COOK$）于重蒸馏水中，转入 1000mL 容量瓶，用重蒸馏水稀释至标线，使之成为 500mg/L 的 COD_{Cr} 标准溶液。用时新配。

⑥ COD_{Cr} 的测定结果应保留三位有效数字。

⑦ 每次实验时，应对硫酸亚铁铵标准滴定溶液进行标定，室温较高时尤其注意其浓度的变化。

实验六 化学需氧量的测定——快速消解分光光度法

一、 实验目的

掌握快速消解分光光度法测定化学需氧量的方法及原理。

二、 实验原理

水样中加入已知量的重铬酸钾溶液，在强硫酸介质中，以硫酸银作为催化剂，经高温消解后，用分光光度法测定 COD 值。当试样中 COD 值为 $100 \sim 1000 \text{mg/L}$，在（$600 \pm 20$）nm 波长处测定重铬酸钾被还原产生的三价铬（$Cr^{3+}$）的吸光度，试样中 COD 值与三价铬（$Cr^{3+}$）的吸光度的增加值成正比例关系，将三价铬（$Cr^{3+}$）的吸光度换算成试样的 COD 值。当试样中 COD 值为 $15 \sim 250 \text{mg/L}$，在（440 ± 20）nm 波长处测定重铬酸钾未被还原的六价铬（Cr^{6+}）和被还原产生的三价铬（Cr^{3+}）的两种铬离子的总吸光度；试样中 COD 值与六价铬（Cr^{6+}）的吸光度减少值成正比例，与三价铬（Cr^{3+}）的吸光度增加值成正比例，与总吸光度减少值成正比例，将总吸光度值换算成试样的 COD 值。

三、 仪器

① 消解管：消解管应由耐酸玻璃制成，在 165℃ 温度下能承受 600kPa 的压力，管盖应耐热耐酸，使用前所有的消解管和管盖均应无任何破损或裂纹。当消解管作为比色管进行光度测定时，应从一批消解管中随机选取 5~10 支，加入 5mL 水，在选定的波长处测定其吸光度值，吸光度值的差值应在± 0.005 之内。

② 加热器：加热器应具有自动恒温加热、计时鸣叫等功能，有透明且通风的防消解液飞溅的防护盖。加热后应在 10min 内达到设定的（165 ± 2）℃温度，为保证消解反应液在消解管内有充分的加热消解和冷却回流，加热孔深度一般不低于或高于消解管内消解反应液高度 5mm。

③ 可见分光光度计：配 10mm 比色皿。

④ 专用光度计：在测定波长处，用固定长方形比色皿（池）测定 COD 值的光度计或用消解比色管测定 COD 值的光度计。宜选用消解比色管测定 COD 的专用分光光度计。

⑤ 消解管支架：不擦伤消解比色管光度测量的部位，方便消解管的放置和取出，耐 165℃ 热烫的支架。

⑥ A 级吸量管、容量瓶和量筒。

四、 试剂

① 重铬酸标准钾溶液：$c(1/6K_2Cr_2O_7) = 0.500 \text{mol/L}$。将重铬酸钾（优级纯）

在（120±2）℃下干燥至恒重后，称取 24.5154g 重铬酸钾置于烧杯中，加入 600mL 水，搅拌下慢慢加入 100mL 浓硫酸，溶解冷却后，转移此溶液于 1000mL 容量瓶中，用水稀释至标线，摇匀。溶液可稳定保存 6 个月。

② 重铬酸钾标准溶液：$c(1/6K_2Cr_2O_7)=0.160mol/L$。重铬酸钾钾（优级纯）在（120±2）℃下干燥至恒重后，称取 7.8449g 重铬酸钾置于烧杯中，加入 600mL 水，搅拌下慢慢加入 100mL 浓硫酸，溶解冷却后，转移此溶液于 1000mL 容量瓶中，用水稀释至标线，摇匀。溶液可稳定保存 6 个月。

③ 重铬酸钾标准溶液：$c(1/6K_2Cr_2O_7)=0.120mol/L$。将重铬酸钾（优级纯）在（120±2）℃下干燥至恒重后，称取 5.8837g 重铬酸钾置于烧杯中，加入 600mL 水，搅拌下慢慢加入 100mL 浓硫酸，溶解冷却后，转移此溶液于 1000mL 容量瓶中，用水稀释至标线，摇匀。溶液可稳定保存 6 个月。

④ 硫酸银-硫酸溶液：$\rho(Ag_2SO_4)=10g/L$。将 5.0g 硫酸银加入到 500mL 浓硫酸中，静置 1～2d，搅拌，使其溶解。

⑤ 硫酸汞溶液：$\rho(HgSO_4)=0.24g/mL$。将 48.0g 硫酸汞分次加入 200mL（1+9）硫酸中，搅拌溶解，此溶液可保存 6 个月。

⑥ 预装混合试剂：在一支消解管中，按表 3-2 的要求加入重铬酸钾溶液、硫酸汞溶液和硫酸银-硫酸溶液，拧紧盖子，轻轻摇匀，冷却至室温，避光保存。在使用前应将混合试剂摇匀。预装混合试剂在常温避光条件下，可稳定保存 1 年。

表 3-2 预装混合试剂及方法

测定方法	测定范围	重铬酸钾溶液用量	硫酸汞溶液用量	硫酸银-硫酸溶液用量	消解管规格
比色皿分光光度法[①]	高量程 100～1000mg/L	1.00mL 试剂①	0.50mL	6.00mL	$\phi20mm\times120mm$ $\phi16mm\times150mm$
	低量程 15～250mg/L 或 15～150mg/L	1.00mL 试剂② 或试剂③	0.50mL	6.00mL	$\phi20mm\times120mm$ $\phi16mm\times150mm$
比色管分光光度法[②]	高量程 100～1000mg/L	1.00mL 试剂①+试剂⑤(2+1)		4.00mL	$\phi16mm\times120mm$[③] $\phi16mm\times100mm$
	低量程 15～250mg/L 或 15～150mg/L	1.00mL 试剂③+试剂⑤(2+1)		4.00mL	$\phi16mm\times120mm$ $\phi16mm\times100mm$

①比色池(皿)分光光度法的消解管可选用 $\phi20mm\times120mm$ 或 $\phi16mm\times150mm$ 规格的密封管，宜选 $\phi20mm\times120mm$ 规格的密封管；而在非密封条件下消解时应使用 $\phi20mm\times150mm$ 的消解管。

②比色管分光光度法的消解管可选用 $\phi16mm\times120mm$ 或 $\phi16mm\times100mm$ 规格的密封消解比色管，宜选 $\phi20mm\times120mm$ 规格的密封消解比色管；而非密封条件下消解时，应使用 $\phi160mm\times150mm$ 的消解比色管。

③$\phi16mm\times120mm$ 密封消解比色管冷却效果较好。

⑦ COD 标准贮备液：COD 值 5000mg/L。将基准级或优级纯邻苯二甲酸氢在 105～110℃下干燥至恒重后，称取 2.1274g 邻苯二甲酸氢钾溶于 250mL 水中，转

移此溶液于 500mL 容量瓶中，用水稀释至标线，摇匀。此溶液在 2～8℃下贮存，或在定容前加入约 10mL（1+9）硫酸溶液，常温贮存，可稳定保存一个月。

⑧ COD 标准贮备液：COD 值 1250mg/L。量取 50.00mL 浓度为 5000mg/L COD 标准贮备液于 200mL 容量瓶中，用水稀释至标线，摇匀。此溶液在 2～8℃下贮存，可稳定保存一个月。

⑨ COD 标准贮备液：COD 值 625mg/L。量取 25.00mL 浓度为 5000mg/L COD 标准贮备液于 200mL 容量瓶中，用水稀释至标线，摇匀。此溶液在 2～8℃下贮存，可稳定保存一个月。

⑩ 高量程（测定上限 1000mg/L）COD 标准系列使用液：COD 值分别为 100mg/L、200mg/L、400mg/L、600mg/L、800mg/L 和 1000mg/L。分别量取 5.00mL、10.00mL、20.00mL、30.00mL、40.00mL 和 50.00mL 的浓度为 5000mg/L COD 标准贮备液，加入到相应的 250mL 容量瓶中，用水定容至标线，摇匀。此溶液 COD 值分别为 100mg/L、200mg/L、400mg/L、600mg/L、800mg/L 和 1000mg/L。在 2～8℃下贮存，可稳定保存一个月。

⑪ 低量程（测定上限 250mg/L）COD 标准系列使用溶液：COD 值分别为 25mg/L、50mg/L、100mg/L、150mg/L、200mg/L 和 250mg/L。分别量取 5.00mL、10.00mL、20.00mL、30.00mL、40.00mL 和 50.00mL 浓度为 1250mg/L COD 标准贮备液加入到相应 250mL 容量瓶中，用水稀释至标线，摇匀。此溶液在 2～8℃下贮存，可稳定保存一个月。

⑫ 低量程（测定上限 150mg/L）COD 标准系列使用溶液：COD 值分别为 25mg/L、50mg/L、75mg/L、100mg/L、125mg/L 和 150mg/L。分别量取 10.00mL、20.00mL、30.00mL、40.00mL、50mL 和 60.00mL 浓度为 625mg/L COD 标准贮备液加入到相应 250mL 容量瓶中，用水稀释至标线，摇匀。此溶液在 2～8℃下贮存，可稳定保存一个月。

五、实验步骤

1. 水样的采集与保存

水样采集不应少于 100mL，应保存在洁净的玻璃瓶中。采集好的水样应在 24h 内测定，否则应加入（1+9）硫酸调节水样 pH 值至小于 2。在 0～4℃保存，一般可保存 7d。

2. 试样的制备

应将水样在搅拌均匀时取样稀释，一般取被稀释水样不少于 10mL，稀释倍数小于 10 倍。水样应逐次稀释为试样。初步判定水样的 COD 浓度，选择对应量程的预装混合试剂，加入相应体积的试样，摇匀，在（165±2）℃加热 5min，检查管内溶液是否呈现绿色，如变绿应重新稀释后再进行测定。

3. 测定条件的选择

宜选用比色管分光光度法测定水样中的 COD，分析测定的条件见表 3-2 和表

3-3。比色池（Ⅲ）分光光度法应选用 $\phi20mm\times150mm$ 规格的消解管，消解时可在非密封条件下进行。比色管分光光度法应选用 $\phi16mm\times150mm$ 规格的消解比色管，消解时可在非密封条件下进行。

表 3-3　分析测定条件

测定方法	测定范围	试样用量	比色池(Ⅲ)或比色管规格	测定波长	检出限
比色皿分光光度法	高量程 100～1000mg/L	3.00mL	20mm	(600±20)nm	22mg/L
	低量程 15～250mg/L 或 15～150mg/L	3.00mL	10mm	(440±20)nm	3.0mg/L
比色管分光光度法	高量程 100～1000mg/L	2.00mL	$\phi16mm\times120mm$① $\phi16mm\times100mm$①	(600±20)nm	33mg/L
	低量程 15～250mg/L 或 15～150mg/L	2.00mL	$\phi16mm\times120mm$① $\phi16mm\times100mm$①	(440±20)nm	2.3mg/L

① 比色管为密封管，外径 16mm、长 120mm、壁厚 1.3mm 密封消解比色管消解时冷却效果好。

4. 标准曲线的绘制

打开加热器，预热到设定的 (165±2)℃。选定预装混合试剂，摇匀试剂后再拧开消解管管盖，量取相应体积的 COD 标准系列溶液沿消解管内壁慢慢加入消解管中。拧紧消解管管盖，手执管盖颠倒摇匀消解管中溶液，用无毛纸擦净管外壁。将消解管放入 (165±2)℃ 的加热器的加热孔中，加热器温度略有降低，待温度升到设定的 (165±2)℃ 时，计时加热 15min。待消解管冷却至 60℃ 左右时，手执管盖颠倒摇动消解管几次，使消解管内溶液均匀，用无毛纸擦净管外壁，静置，冷却至室温。

高量程方法在 (600±20)nm 波长处，以水为参比液，用分光光度计测定吸光度；低量程方法在 (440±20)nm 波长处，以水为参比液，用分光光度计测定吸光度。高量程 COD 标准系列使用溶液 COD 值对应其测定的吸光度值减去空白实验测定的吸光度值的差值，绘制标准曲线。低量程 COD 标准系列使用溶液 COD 值对应空白实验测定的吸光度值减去其测定的吸光度值的差值，绘制标准曲线。

5. 空白实验

用蒸馏水代替试样，按照与绘制标准曲线相同的步骤测定其吸光度值，空白实验应与试样同时测定。

6. 试样的测定

按照表 3-2 和表 3-3 的方法的要求选定对应的预装混合试剂，将已稀释好的试样在搅拌均匀时，取相应体积的试样按照与绘制标准曲线相同的步骤进行测定。测定的 COD 值由相应的标准曲线查得，或由光度计自动计算得出。

六、结果处理

在 (600 ± 20)nm 波长处测定时，水样 COD 的计算：$\rho(COD)=n[k(A_s-A_b)+a]$

在 (440 ± 20)nm 波长处测定时，水样 COD 的计算：$\rho(COD)=n[k(A_s-A_b)+a]$

式中　$\rho(COD)$——水样 COD 值，mg/L；

　　　　n——水样稀释倍数；

　　　　k——标准曲线灵敏度，(mg/L)/吸光度；

　　　　A_s——试样测定的吸光度值；

　　　　A_b——空白实验测定的吸光度值；

　　　　a——标准曲线截距。

七、注意事项

① 氯离子是主要的干扰成分，水样中含有氯离子会使测定结果偏高，加入适量硫酸汞与氯离子形成可溶性氯化汞络合物，可减少氯离子的干扰，选用低量程方法测定 COD，也可减少氯离子对测定结果的影响。

② 在 (600 ± 20)nm 处测试时，Mn(Ⅲ)、Mn(Ⅵ) 或 Mn(Ⅶ) 形成红色物质，会引起正偏差，其 500mg/L 的锰溶液（硫酸盐形式）引起正偏差 COD 值为 1083mg/L，其 50mg/L 的锰溶液（硫酸盐形式）引起正偏差 COD 值为 121mg/L；而在 (440 ± 20)nm 处，则 500mg/L 的锰溶液（硫酸盐形式）的影响比较小，引起的偏差 COD 值为 -7.5mg/L，50mg/L 的锰溶液（硫酸盐形式）的影响可忽略不计。

③ 若消解液浑浊或有沉淀，影响比色测定时，应用离心机离心变清后，再用分光光度计测定。若消解液颜色异常或离心后不能变澄清的样品不适用本测定方法。

实验七　五日生化需氧量的测定——BOD₅

生化需氧量是指在有溶解氧的条件下，好氧微生物在分解水中有机物的生物化学氧化过程中所消耗的溶解氧量。同时亦包括如硫化物、亚铁等还原性无机物质氧化所消耗的氧量，但这部分通常占很小比例。有机物在微生物作用下好氧分解大体上分两个阶段。第一阶段称为含碳物质氧化阶段，主要是含碳有机物氧化为二氧化碳和水；第二阶段称为硝化阶段，主要是含氮有机化合物在硝化菌的作用下分解为亚硝酸盐和硝酸盐。然而这两个阶段并非截然分开，而是各有主次。对生活污水及性质与其接近的工业废水，硝化阶段 5～7d，甚至 10d 以后才显著进行，故目前国内外广泛采用的 20℃五天培养法（BOD₅法）测定 BOD 值一般不包括硝化阶段。人们常常利用水中有机物在一定条件下所消耗的氧，来间接表示水体中有机物的含量，生化需氧量即属于这类的一个重要指标。

一、实验目的

① 掌握用稀释与接种法测定五日生化需氧量（BOD₅）的基本原理和方法。

② 了解 BOD₅测定的意义。

二、实验原理

将水样或稀释水样充满完全密闭的溶解氧瓶，在（20±1）℃的暗处培养 5d±4h 或（2+5）d±4h［先在 0～4℃的暗处培养 2d，接着在（20±1）℃的暗处培养 5d，即培养（2+5）d］，分别测定培养前后水样中溶解氧的质量浓度，由培养前后溶解氧的质量浓度之差，计算每升水样消耗的溶解氧量，以 BOD₅形式表示。

若水样中的有机物含量较多，BOD₅的质量浓度大于 6mg/L，样品需适当稀释后测定；对不含或含微生物少的工业废水，如酸性废水、碱性废水、高温废水、冷冻保存的废水或经过氯化处理等的废水，在测定 BOD₅时应进行接种，以引进能分解废水中有机物的微生物。当废水中存在难以被一般生活污水中的微生物以正常的速度降解的有机物或含有剧毒物质时，应将驯化后的微生物引入水样中进行接种。

三、仪器

① 恒温培养箱：带风扇。

② 溶解氧瓶：带水封，容积 200～300mL。

③ 稀释容器：1000～2000mL 的量筒或容量瓶。

④ 曝气装置：多通道空气泵或其他曝气装置，曝气可能带来有机物、氧化剂和金属，导致空气污染，如有污染，空气应过滤清洗。

⑤ 虹吸管：供分取水样或添加稀释水。

⑥ 滤膜：孔径为 $1.6\mu m$。

⑦ 冷藏箱：$0\sim4℃$。

⑧ 冰箱：有冷冻和冷藏功能。

四、试剂

① 磷酸盐缓冲溶液：pH＝7.2。将 8.5g 磷酸二氢钾（KH_2PO_4）、21.8g 磷酸氢二钾（K_2HPO_4）、33.4g 七水合磷酸氢二钠（$Na_2HPO_4 \cdot 7H_2O$）和 1.7g 氯化铵（NH_4Cl）溶于水中，稀释至 1000mL，此溶液在 $0\sim4℃$ 可稳定保存 6 个月。此溶液的 pH 值为 7.2。

② 硫酸镁溶液：$\rho(MgSO_4)＝11.0g/L$。将 22.5g 七水合硫酸镁（$MgSO_4 \cdot 7H_2O$）溶于水中，稀释至 1000mL。

③ 氯化钙溶液：$\rho(CaCl_2)＝27.6g/L$。将 27.5g 无水氯化钙溶于水，稀释至 1000mL。

④ 氯化铁溶液：$\rho(FeCl_3)＝0.15g/L$。将 0.25g 六水合氯化铁（$FeCl_3 \cdot 6H_2O$）溶于水，稀释至 1000mL。

⑤ 盐酸溶液：$c(HCl)＝0.5mol/L$。将 40mL（$\rho＝1.18g/mL$）盐酸溶于水，稀释至 1000mL。

⑥ 氢氧化钠溶液：$c(NaOH)＝0.5mol/L$。将 20g 氢氧化钠溶于水，稀释至 1000mL。

⑦ 亚硫酸钠溶液：$c(Na_2SO_3)＝0.025mol/L$。将 1.575g 亚硫酸钠溶于水，稀释至 1000mL。此溶液不稳定，需每天配制。

⑧ 葡萄糖-谷氨酸标准溶液：将葡萄糖（$C_6H_{12}O_6$，优级纯）和谷氨酸（$HOOC—CH_2—CH_2—CHNH_3—COOH$，优级纯）在 103℃ 干燥 1h 后，各称取 150mg 溶于水中，移入 1000mL 容量瓶内并稀释至标线，混合均匀。此标准溶液临用前配制。

⑨ 丙烯基硫脲硝化抑制剂：$\rho(C_4H_8N_2S)＝1.0g/L$。溶解 0.20g 丙烯基硫脲（$C_4H_8N_2S$）于 200mL 水中混合，4℃保存，此溶液可稳定保存 14d。

⑩ （1＋1）乙酸溶液。

⑪ 碘化钾溶液：$\rho(KI)＝100g/L$。将 10g 碘化钾（KI）溶于水中，稀释至 100mL。

⑫ 淀粉溶液：$\rho＝5g/L$。将 0.50g 淀粉溶于水中，稀释至 100mL。

⑬ 稀释水：在 $5\sim20L$ 玻璃瓶内装入一定量的水，控制水温在 20℃ 左右。然后用无油空气压缩机或薄膜泵，将吸入的空气先后经活性炭吸附管及水洗涤管后，导入稀释水内曝气 $2\sim8h$，使稀释水中的溶解氧接近于饱和。停止曝气亦可导入适量纯氧。瓶口盖以两层经洗涤晾干的纱布，置于 20℃ 培养箱中放置数小时，使水中溶解氧含量达 8mg/L 左右。临用前每升水中加入氯化钙溶液、氯化铁溶液、硫

酸镁溶液、磷酸缓冲液各 1mL，并混合均匀。稀释水的 pH 值应为 7.2，其 BOD_5 应小于 0.2mg/L。

⑭ 接种液：可购买接种微生物用的接种物质，接种液的配制和使用按说明书的要求操作。也可按以下方法获得接种液。

a. 未受工业废水污染的生活污水：化学需氧量不大于 300mg/L，总有机碳不大于 100mg/L。

b. 含有城镇污水的河水或湖水。

c. 污水处理厂的出水。

d. 分析含有难降解物质的工业废水时，在其排污口下游适当处取水样作为废水的驯化接种液。也可取中和或经适当稀释后的废水进行连续曝气，每天加入少量该种废水，同时加入少量生活污水，使适应该种废水的微生物大量繁殖。当水中出现大量的絮状物时，表明微生物已繁殖，可用作接种液。一般驯化过程需 3～8d。

⑮ 接种稀释水：根据接种液的来源不同，每升稀释水中加入适量接种液，城市生活污水和污水处理厂出水加 1～10mL，河水或湖水加 10～100mL，将接种稀释水存放在 (20±1)℃ 的环境中，当天配制当天使用。接种的稀释水 pH 值为 7.2，BOD_5 应小于 1.5mg/L。

五、实验步骤

1. 样品的采集、保存和前处理

(1) 样品的采集、保存　采集的样品应充满并密封于棕色玻璃瓶中，样品量不小于 1000mL，在 0～4℃ 的暗处运输和保存，并于 24h 内尽快分析。24h 内不能分析，可冷冻保存（冷冻保存时避免样品瓶破裂），冷冻样品分析前需解冻、均质化和接种。

(2) 样品的前处理

① pH 值调节：若水样或稀释后水样 pH 值不在 6～8 范围内，应用盐酸溶液或氢氧化钠溶液调节其 pH 值至 6～8。

② 余氯和结合氯的去除：若样品中含有少量余氯，一般在采样后放置 1～2h，游离氯即可消失。对在短时间内不能消失的余氯，可加入适量亚硫酸钠溶液去除样品中存在的余氯和结合氯，加入的亚硫酸钠溶液的量由下述方法确定。取已中和好的水样 100mL，加入乙酸溶液 10mL、碘化钾溶液 1mL，混匀，暗处静置 5min。用亚硫酸钠溶液滴定析出的碘至淡黄色，加入 1mL 淀粉溶液呈蓝色。再继续滴定至蓝色刚刚褪去，即为终点，记录所用亚硫酸钠溶液体积，由亚硫酸钠溶液消耗的体积，计算出水样中应加亚硫酸钠溶液的体积。

③ 样品均质化：含有大量颗粒物、需要较大稀释倍数的样品或经冷冻保存的样品，测定前均需将样品搅拌均匀。

④ 样品中有藻类：若样品中有大量藻类存在，BOD_5 的测定结果会偏高。当分析结果精度要求较高时，测定前应用滤孔为 1.6μm 的滤膜过滤。

⑤ 从水温较低的水域或富营养化的湖泊中采集的水样，可遇到含有过饱和溶解氧，此时应将水样迅速升温至 20℃ 左右，在不使满瓶的情况下，充分振摇，并时时开塞放气，以赶出过饱和的溶解氧。从水温较高的水域或废水排放口取得的水样，则应迅速冷却至 20℃ 左右，并充分振摇，使与空气中氧分压接近平衡。

2. 不经稀释水样的测定

溶解氧含量较高、有机物含量较少的地表水，可不经稀释，而直接以虹吸法，将约 20℃ 的混合水样转移到两个溶解氧瓶内，转移过程中应注意不使产生气泡。以同样的操作使两个溶解氧瓶充满水样后溢出少许，加塞水封，瓶内不应留有气泡。若试样中含有硝化细菌，有可能发生硝化反应，需在每升试样中加入 2mL 丙烯基硫脲硝化抑制剂。其中一瓶立即测定溶解氧，另一瓶的瓶口进行水封后，放入培养箱中，在（20±1）℃培养 5d。五天后测定剩余的溶解氧。

溶解氧的测定可用碘量法，详见本章"实验三　溶解氧的测定"。

3. 需经稀释的水样的测定

稀释与接种法分为两种情况：稀释法和稀释接种法。

若试样中的有机物含量较多，BOD_5 的质量浓度大于 6mg/L，且样品中有足够的微生物，采用稀释法测定；若试样中的有机物含量较多，BOD_5 的质量浓度大于 6mg/L，但试样中无足够的微生物，采用稀释接种法测定。

（1）稀释倍数的确定　样品稀释的程度应使消耗的溶解氧质量浓度不小于 2mg/L，培养后样品中剩余溶解氧质量浓度不小于 2mg/L，且水样中剩余的溶解氧的质量浓度为开始浓度的 1/3～2/3 为最佳。稀释倍数可根据样品的总有机碳（TOC）、高锰酸盐指数（I_{Mn}）或化学需氧量（COD_{Cr}）的测定值。按照表 3-4 列出的 BOD_5 和 TOC、I_{Mn} 或 COD_{Cr} 的比值 R 估计 BOD_5 的期望值（R 与样品的类型有关），再根据表 3-5 确定稀释因子。当不能准确地选择稀释倍数时一个样品做 2～3 个不同的稀释倍数。

表 3-4　典型的比值（R）

水样的类型	总有机碳 R（BOD_5/TOC）	高锰酸盐指 R（BOD_5/I_{Mn}）	化学需氧 R（BOD_5/COD_{Cr}）
未处理的废水	1.2～2.8	1.2～1.5	0.35～0.65
生化处理的废水	0.3～1.0	0.5～1.2	0.20～0.35

表 3-5　测定的稀释倍数 BOD_5

BOD_5 的期望值/（mg/L）	稀释倍数	水样类型
6～20	2	河水,生物净化的城市污水
10～30	5	河水,生物净化的城市污水
20～30	10	生物净化的城市污水
40～120	20	澄清的城市污水或轻度污染的工业废水

续表

BOD$_5$的期望值/(mg/L)	稀释倍数	水样类型
100～300	50	轻度污染的工业废水或原城市污水
200～600	100	轻度污染的工业废水或原城市污水
400～1200	200	重度污染的工业废水或原城市污水
1000～3000	500	重度污染的工业废水
2000～6000	1000	重度污染的工业废水

表 3-4 中选择适当的 R 值，按下式计算 BOD$_5$ 的期望值：

$$\rho = RY$$

式中　Y——总有机碳（TOC）、高锰酸盐指数（I_{Mn}）或化学需氧量（COD$_{Cr}$）的值，mg/L。

由估算出的 BOD$_5$ 的期望值，按表 3-5 确定样品的稀释倍数。

（2）样品稀释　按照确定的稀释倍数，将一定体积的试样或处理后的试样用虹吸管加入已加部分稀释水（或接种稀释水）的稀释容器中，加稀释水（或接种稀释水）至刻度，轻轻混合避免残留气泡。若稀释倍数超过 100 倍，可进行两步或多步稀释。

当分析结果精度要求较高或存在微生物毒性物质时，应配制几个不同稀释倍数的水样，选择与稀释倍数无关的结果，并取其平均值。

（3）空白样品　稀释接种法测定，空白试样为接种稀释水，必要时每升接种稀释水中加入 2mL 丙烯基硫脲硝化抑制剂。

（4）水样的测定　水样和空白试样的测定与不经稀释水样的测定步骤相同，用碘量法测定当天和培养 5d 后的溶解氧。

六、　结果处理

不经稀释水样 BOD$_5$ 的测定结果：

$$\rho = \rho_1 - \rho_2$$

式中　ρ——五日生化需氧量质量浓度，mg/L；

　　　ρ_1——水样在培养前的溶解氧质量浓度，mg/L；

　　　ρ_2——水样在培养后的溶解氧质量浓度，mg/L。

稀释法与稀释接种法按下式计算样品 BOD$_5$ 的测定结果：

$$\rho = \frac{(\rho_1 - \rho_2) - (\rho_3 - \rho_4)f_1}{f_2}$$

式中　ρ——五日生化需氧量质量浓度，mg/L；

　　　ρ_1——接种稀释水样在培养前的溶解氧质量浓度，mg/L；

　　　ρ_2——接种稀释水样在培养后的溶解氧质量浓度，mg/L；

　　　ρ_3——空白样在培养前的溶解氧质量浓度，mg/L；

ρ_4——空白样在培养后的溶解氧质量浓度，mg/L；

f_1——接种稀释水或稀释水在培养液中所占的比例；

f_2——原样品在培养液中所占的比例。

七、 注意事项

① 在两个或三个稀释比的样品中，凡消耗溶解氧大于等于 2mg/L 和剩余溶解氧大于等于 2mg/L 都有效，计算结果时，应取平均值。测定结果以氧的质量浓度（mg/L）报出。结果小于 100mg/L，保留一位小数；100～1000mg/L，取整数位；大于 1000mg/L，以科学计数法报出。结果报告中应注明样品是否经过过滤、冷冻或均质化处理。

② 为检查稀释水和接种液的质量，以及实验人员的操作技术，取 20mL 葡萄糖-谷氨酸标准溶液于稀释容器中，用接种稀释水稀释至 1000mL，测定 BOD_5，结果应在 180～230mg/L 范围内，否则应检查接种液、稀释水或操作是否存在问题。

③ 当水样中含有亚硝酸盐时会干扰测定，可加入叠氮化钠使水中的亚硝酸盐分解而消除干扰。其加入方法是预先将叠氮化钠加入碱性碘化钾溶液中。如水样中含 Fe^{3+} 达 100～200mg/L 时，可加入 1mL40％氟化钾溶液消除干扰。

实验八　水和废水中总有机碳的测定（TOC）
——非分散红外吸收法

总有机碳是以碳的含量表示水体中有机物质总量的综合指标。由于 TOC 的测定通常采用燃烧法，因此能将有机物全部氧化，它比 BOD₅ 或 COD 更能反映有机物的总量。因此，TOC 经常被用来评价水体中有机物污染的程度。

一、实验目的

① 掌握总有机碳（TOC）的测定原理和方法。

② 了解 TOC 分析仪的工作原理和使用方法。

二、实验原理

燃烧氧化-非分散红外吸收按测定方式不同，可分为差减法和直接法。

（1）差减法测定总有机碳　将水样连同净化气体分别导入高温燃烧管和低温反应管中，经高温燃烧管的试样被高温催化氧化，其中的有机碳和无机碳均转化为二氧化碳，经低温反应管的水样被酸化后，其中的无机碳分解成二氧化碳，两种反应管中生成的二氧化碳分别被导入非分散红外检测器。在特定波长下，一定质量浓度范围内二氧化碳的红外线吸收强度与其质量浓度成正比，由此可对试样总碳（TC）和无机碳（IC）进行定量测定。总碳与无机碳的差值，即为总有机碳（TOC）。

（2）直接法测定总有机碳　水样经酸化曝气，其中的无机碳转化为二氧化碳被去除，再将试样注入高温燃烧管中，可直接测定总有机碳。由于酸化曝气会损失可吹扫有机碳（POC），故测得总有机碳值为不可吹扫有机碳（NPOC）。

当水中苯、甲苯、环己烷和三氯甲烷等挥发性有机物含量较高时，宜用差减法；当水中挥发性有机物含量较少而无机碳酸盐含量相对高时，宜用直接法。

三、仪器

① TOC 分析仪：燃烧氧化-非分散红外吸收法。

② 微量注射器或自动进样装置。

③ 容量瓶：1000mL、100mL。

④ 其他实验室常用仪器（如移液管）。

四、试剂

① 无二氧化碳水：将重蒸馏水在烧杯中煮沸蒸发（蒸发量 10%），冷却后备用。也可使用纯水机制备的纯水或超纯水。无二氧化碳水应临用现制，并经检验TOC 质量浓度不超过 0.5mg/L。

② 硫酸：ρ（H_2SO_4）＝1.84g/mL。

③ 邻苯二甲酸氢钾（$KHC_8H_4O_4$）：优级纯。

④ 无水碳酸钠（Na_2CO_3）：优级纯。

⑤ 碳酸氢钠（$NaHCO_3$）：优级纯。

⑥ 氢氧化钠溶液：ρ（NaOH）＝10g/L。

⑦ 有机碳标准贮备液：ρ（有机碳，C）＝400mg/L。准确称取邻苯二甲酸氢钾（预先在110～120℃下干燥至恒重）0.8502g，置于烧杯中，加水溶解后，转移此溶液于1000mL容量瓶中，用无二氧化碳水稀释至标线，混匀。在4℃条件下可保存两个月。

⑧ 无机碳标准贮备液：ρ（无机碳，C）＝400mg/L。准确称取无水碳酸钠（预先在105℃下干燥至恒重）1.7634g和碳酸氢钠（预先在干燥器内干燥）1.4000g，置于烧杯中，加无二氧化碳水溶解后，转移此溶液于1000mL容量瓶中，用无二氧化碳水稀释至标线，混匀。在4℃条件下可保存两周。

⑨ 差减法标准使用液：ρ（总碳，C）＝200mg/L，ρ（无机碳，C）＝100mg/L。用单标线吸量管分别吸取50.00mL有机碳标准贮备液和无机碳标准贮备液于200mL容量瓶中，用无二氧化碳水稀释至标线，混匀。在4℃条件下贮存可稳定保存一周。

⑩ 直接法标准使用液：ρ（有机碳，C）＝100mg/L。用单标线吸量管吸取50.00mL有机碳标准贮备液于200mL容量瓶中，用无二氧化碳水稀释至标线，混匀。在4℃条件下贮存可稳定保存一周。

⑪ 载气：氮气或氧气，纯度大于99.99％。

五、实验步骤

1. 水样的采集和保存

水样应采集在棕色玻璃瓶中并应充满采样瓶，不留顶空。水样采集后应在24h内测定。否则应加入硫酸将水样酸化至pH≤2，在4℃条件下可保存7d。

2. 仪器的调试

按TOC分析仪说明书设定条件参数（如灵敏度、精密度、燃烧管温度、进样量及载气流量等），进行仪器调试。

3. 标准曲线的绘制

① 差减法标准曲线：在一组7个100mL容量瓶中，分别加入0.00mL、2.00mL、5.00mL、10.00mL、20.00mL、40.00mL、100.00mL差减法标准使用液，用无二氧化碳水稀释至标线，混匀。配制成总碳质量浓度为0.0mg/L、4.0mg/L、10.0mg/L、20.0mg/L、40.0mg/L、80.0mg/L、200.0mg/L和无机碳质量浓度为0.0mg/L、2.0mg/L、5.0mg/L、10.0mg/L、20.0mg/L、40.0mg/L、100.0mg/L的标准系列溶液，取一定体积注入TOC分析仪测定，记录其响应值。以标准系列溶液质量浓度对应仪器响应值，分别绘制总碳和

无机碳标准曲线。

② 直接法标准曲线：在一组 7 个 100mL 容量瓶中，分别加入 0.00mL、2.00mL、5.00mL、10.00mL、20.00mL、40.00mL、100.00mL 直接法标准使用液，用无二氧化碳水稀释至标线，混匀。配制成有机碳质量浓度为 0.0mg/L、2.0mg/L、5.0mg/L、10.0mg/L、20.0mg/L、40.0mg/L、100.0mg/L 的标准系列溶液，取一定体积酸化至 pH≤2 标准溶液，经曝气除去无机碳后导入高温氧化炉，记录其响应值。以标准系列溶液质量浓度对应仪器响应值，绘制有机碳标准曲线。

上述标准曲线浓度范围可根据仪器和测定样品种类的不同进行调整。

③ 空白实验：用无二氧化碳水代替水样，按上述步骤测定其响应值即为空白值。每次测定前应先检测无二氧化碳水的 TOC 含量，测定值应不超过 0.5mg/L。

4. 样品测定

① 差减法：经酸化的试样，在测定前应以氢氧化钠溶液中和至中性，取一定体积注入 TOC 分析仪进行测定，记录相应的响应值。

② 直接法：取一定体积酸化至 pH≤2 的试样注入 TOC 分析仪，经曝气除去无机碳后导入高温氧化炉，记录相应的响应值。

六、 结果处理

(1) 差减法　根据所测试样响应值，由标准曲线计算出总碳和无机碳质量浓度。试样中总有机碳质量浓度为：

$$\rho(TOC) = \rho(TC) - \rho(IC)$$

式中　ρ (TOC)——试样总有机碳质量浓度，mg/L；

ρ (TC)——试样总碳质量浓度，mg/L；

ρ (IC)——试样无机碳质量浓度，mg/L。

(2) 直接法　根据所测试样响应值，由标准曲线计算出总有机碳的质量浓度 ρ (TOC)。

七、 注意事项

① 按仪器厂家说明书规定，按时更换二氧化碳吸收剂、高温燃烧管中的催化剂和低温反应管中分解剂等。

② 当测定结果小于 100mg/L 时，保留到小数点后一位；大于等于 100mg/L 时，保留三位有效数字。

实验九 水和废水中氨氮的测定

水中的氨氮是指以游离氨（或称非离子氨，NH_3）和离子铵（NH_4^+）形式存在的氮，两者的组成比决定于水样的 pH 值。水中氨氮主要来源于生活污水中含氮有机物受微生物作用的分解产物，焦化、合成氨等工业废水，以及农田排水等。氨氮含量较高时，对鱼类呈现毒害作用，对人体也有不同程度的危害。

测定水中氨氮的方法有纳氏试剂分光光度法、水杨酸-次氯酸盐分光光度法、电极法和容量法。纳氏试剂分光光度法具有操作简便、灵敏等特点，该方法的检出限为 0.025mg/L，测定下限为 0.10mg/L，测定上限为 2.0mg/L（均以 N 计）。但钙、镁、铁等金属离子，硫化物，醛、酮类，以及水中色度和浑浊等干扰测定，需要相应的预处理。氨氮含量较高时，可采用蒸馏-中和滴定法。

一、 实验目的

① 掌握用纳氏试剂分光光度法测定氨氮的原理和方法。

② 掌握用蒸馏-中和滴定法测定氨氮的原理和方法。

二、 纳氏试剂分光光度法

1. 实验原理

以游离态的氨或铵离子等形式存在的氨氮与纳氏试剂反应生成黄棕色络合物，该络合物的吸光度与氨氮含量成正比，于波长 420nm 处测量吸光度，计算氨氮含量。

2. 仪器

① 可见分光光度计：具 10mm 或 20mm 比色皿。

② 氨氮蒸馏装置：由 500mL 凯式烧瓶、氮球、直形冷凝管和导管组成，冷凝管末端可连接一段适当长度的滴管，使出口尖端浸入吸收液液面下。亦可使用 500mL 蒸馏烧瓶。

蒸馏器清洗：向蒸馏烧瓶中加 350mL 水，加数粒玻璃珠，装好仪器，蒸馏到至少收集 100mL，将馏出液及瓶内残留液弃去。

③ pH 计。

3. 试剂

配制试剂用水均应为无氨水。

① 无氨水：可选用下列方法之一进行制备。

a. 蒸馏法：每升蒸馏水中加 0.1mL 浓硫酸，在全玻璃蒸馏器中重蒸馏，弃去 50mL 初馏液，接取其余馏出液于具塞磨口的玻璃瓶中，密塞保存。

b. 离子交换法：使蒸馏水通过强酸性阳离子交换树脂柱。

② 纳氏试剂：可选择下列方法的一种配制。

a. 二氯化汞-碘化钾-氢氧化钾（$HgCl_2$-KI-KOH）溶液。

称取 15.0g 氢氧化钾（KOH），溶于 50mL 水中，冷却至室温。

称取 5.0g 碘化钾（KI），溶于 10mL 水中，在搅拌下，将 2.50g 二氯化汞（$HgCl_2$）粉末分多次加入碘化钾溶液中，直到溶液呈深黄色或出现淡红色沉淀溶解缓慢时，充分搅拌混合，并改为滴加二氯化汞饱和溶液，当出现少量朱红色沉淀不再溶解时，停止滴加。

在搅拌下，将冷却的氢氧化钾溶液缓慢地加入到上述二氯化汞和碘化钾的混合液中，并稀释至 100mL，于暗处静置 24h，倾出上清液，贮于聚乙烯瓶内，用橡皮塞或聚乙烯盖子盖紧，存放暗处，可稳定 1 个月。

b. 碘化汞-碘化钾-氢氧化钠（HgI_2-KI-NaOH）溶液。

称取 16.0g 氢氧化钠（NaOH），溶于 50mL 水中，冷却至室温。

称取 7.0g 碘化钾（KI）和 10.0g 碘化汞（HgI_2），溶于水中，然后将此溶液在搅拌下，缓慢加入到上述 50mL 氢氧化钠溶液中，用水稀释至 100mL。贮于聚乙烯瓶内，用橡皮塞或聚乙烯盖子盖紧，于暗处存放，有效期 1 年。

③ 铵标准贮备溶液：$\rho_N = 1000\mu g/mL$。称取 3.819g 氯化铵（NH_4Cl，优级纯，在 100~105℃干燥 2h），溶于水中，移入 1000mL 容量瓶中，稀释至标线。可在 2~5℃保存 1 个月。

④ 铵标准使用溶液：$\rho_N = 10.0\mu g/mL$。移取 5.00mL 铵标准贮备液于 500mL 容量瓶中，用水稀释至标线。临用前配制。

⑤ 硼酸（H_3BO_3）溶液：$\rho = 20g/L$。称取 20g 硼酸溶于水，稀释至 1L。

⑥ 轻质氧化镁（MgO）：不含碳酸盐，在 500℃下加热氧化镁，以除去碳酸盐。

⑦ 溴百里酚蓝指示剂：$\rho = 0.5g/L$。称取 0.05g 溴百里酚蓝溶于 50mL 水中，加入 10mL 无水乙醇，用水稀释至 100mL。

⑧ 酒石酸钾钠溶液：$\rho = 500g/L$。称取 50g 酒石酸钾钠（$KNaC_4H_4O_6 \cdot 4H_2O$）溶于 100mL 水中，加热煮沸以除去氨，放冷，定容至 100mL。

⑨ 氢氧化钠溶液：$\rho = 250g/L$。称取 25g 氢氧化钠溶于水中，稀释至 100mL。

⑩ 氢氧化钠溶液：$c(NaOH) = 1mol/L$。称取 4g 氢氧化钠溶于水中，稀释至 100mL。

⑪ 硫代硫酸钠溶液：$\rho = 3.5g/L$。称取 3.5g 硫代硫酸钠（$Na_2S_2O_3$）溶于水中，稀释至 1000mL。

⑫ 硫酸锌溶液：$\rho = 100g/L$。称取 10.0g 硫酸锌（$ZnSO_4 \cdot 7H_2O$）溶于水中，稀释至 100mL。

⑬ 盐酸溶液：$c(HCl) = 1mol/L$。量取 8.5mL 浓盐酸于适量水中用水稀释

至 100mL。

⑭ 淀粉-碘化钾试纸：称取 1.5g 可溶性淀粉于烧杯中，用少量水调成糊状，加入 200mL 沸水，搅拌混匀放冷。加 0.50g 碘化钾（KI）和 0.50g 碳酸钠（Na₂CO₃），用水稀释至 250mL。将滤纸条浸渍后，取出晾干，于棕色瓶中密封保存。

⑮ 防沫剂：如石蜡碎片。

4. 实验步骤

（1）样品采集与保存　水样采集在聚乙烯瓶或玻璃瓶内，要尽快分析。如需保存，应加硫酸使水样酸化至 pH<2，2～5℃下可保存 7d。

（2）样品的预处理

① 去除余氯：若样品中存在余氯，可加入适量的硫代硫酸钠溶液（$\rho=3.5g/L$）去除。每加 0.5mL 可去除 0.25mg 余氯。用淀粉-碘化钾试纸检验余氯是否除尽。

② 絮凝沉淀：100mL 水样中加入 1mL 硫酸锌溶液（$\rho=100g/L$）和 0.1～0.2mL 氢氧化钠溶液（$\rho=250g/L$），调节 pH 约为 10.5，混匀，放置使之沉淀，倾取上清液分析。必要时，用经水冲洗过的中速滤纸过滤，弃去初滤液 20mL。也可对絮凝后样品离心处理。

③ 预蒸馏：将 50mL 硼酸溶液移入接收瓶内，确保冷凝管出口在硼酸溶液液面之下。分取 250mL 水样，移入烧瓶中，加几滴溴百里酚蓝指示剂。必要时，用氢氧化钠溶液或盐酸溶液调整 pH 至 6.0（指示剂呈黄色）～7.4（指示剂呈蓝色），加入 0.25g 轻质氧化镁及数粒玻璃珠，立即连接氮球和冷凝管。加热蒸馏，使馏出液速率约为 10mL/min，待馏出液达 200mL 时，停止蒸馏，加水定容至 250mL。

（3）标准曲线的绘制　在 8 个 50mL 比色管中，分别加入 0.00mL、0.50mL、1.00mL、2.00mL、4.00mL、6.00mL、8.00mL 和 10.00mL 铵标准使用溶液，其所对应的氨氮含量分别为 0.0μg、5.0μg、10.0μg、20.0μg、40.0μg、60.0μg、80.0μg 和 100μg，加水至标线。加入 1.0mL 酒石酸钾钠溶液，摇匀，再加入纳氏试剂 1.5mL，摇匀。放置 10min 后，在波长 420nm 下，用 20mm 比色皿，以水作参比，测量吸光度。

以空白校正后的吸光度 A 为纵坐标，以其对应的氨氮含量（μg）为横坐标，绘制标准曲线。

注：根据待测样品的质量浓度也可选用 10mm 比色皿。

（4）样品测定

① 清洁水样：直接取 50mL，按与标准曲线相同的步骤测量吸光度。

② 有悬浮物或色度干扰的水样：取经预处理的水样 50mL（若水样中氨氮质量浓度超过 2mg/L，可适当少取水样体积），按与标准曲线相同的步骤测量吸光度。经蒸馏或在酸性条件下煮沸方法预处理的水样，须加一定量氢氧化钠溶液，调节水样至中性，用水稀释至 50mL 标线，再按与标准曲线相同的步骤测量吸光度。

（5）空白实验　用无氨水代替水样，按与样品相同的步骤进行前处理和测定。

5. 结果计算

水中氨氮的质量浓度按下式计算:

$$\rho_N = \frac{A_s - A_b - a}{b \times V}$$

式中　　A_s——水样的吸光度;

　　　　A_b——空白实验的吸光度;

　　　　a——标准曲线的截距;

　　　　b——标准曲线的斜率;

　　　　V——试样体积,mL。

6. 注意事项

① 纳氏试剂中碘化汞与碘化钾的比例,对显色反应的灵敏度有较大影响。静置后生成的沉淀应除去。

② 滤纸中常含痕量铵盐,使用时注意用无氨水洗涤。所用玻璃器皿应避免实验室空气中氨的沾污。

三、 蒸馏-中和滴定法

1. 实验原理

调节水样的 pH 在 6.0～7.4,加入氧化镁使呈微碱性,蒸馏释放出的氨用硼酸溶液吸收。以甲基红-亚甲蓝为指示剂,用盐酸标准溶液滴定馏出液中的氨或铵(以 N 计)。

2. 仪器

① 氨氮蒸馏装置:由 500mL 凯式烧瓶、氮球、直形冷凝管和导管组成,冷凝管末端可连接一段适当长度的滴管,使出口尖端浸入吸收液液面下。亦可使用 500mL 蒸馏烧瓶。

② 酸式滴定管:50mL。

3. 试剂

① 水:无氨水(制备方法同纳氏试剂法,略)。

② 硫酸溶液:$c(H_2SO_4) = 1mol/L$。量取 2.8mL 浓硫酸缓慢加入 100mL 水中。

③ 氢氧化钠溶液:$c(NaOH) = 1mol/L$。称取 20g 氢氧化钠(NaOH)溶于约 200mL 水中,冷却至室温,稀释至 500mL。

④ 无水碳酸钠(Na_2CO_3):基准试剂。

⑤ 轻质氧化镁(MgO):不含碳酸盐。在 500℃下加热,以除去碳酸盐。

⑥ 硼酸(H_3BO_3)吸收液:$\rho = 20g/L$。称取 20g 硼酸溶于水,稀释至 1000mL。

⑦ 甲基红指示液:$\rho = 0.5g/L$。称取 50mg 甲基红溶于 100mL 乙醇中。

⑧ 溴百里酚蓝(bromthymol blue)指示剂:$\rho = 1g/L$。称取 0.10g 溴百里酚

蓝溶于 50mL 水中，加入 20mL 乙醇，用水稀释至 100mL。

⑨ 混合指示剂：称取 200mg 甲基红溶于 100mL 乙醇中；另称取 100mg 亚甲蓝溶于 100mL 乙醇中。取两份甲基红溶液与一份亚甲蓝溶液混合备用，此溶液可稳定 1 个月。

⑩ 碳酸钠标准溶液：$c(1/2Na_2CO_3)=0.0200mol/L$。称取经 180℃ 干燥 2h 的无水碳酸钠（基准试剂）0.5300g，溶于新煮沸放冷的水中，移入 500mL 容量瓶中，稀释至标线。

⑪ 盐酸标准滴定溶液：$c(HCl)=0.02mol/L$。量取 1.7mL 浓盐酸于 1000mL 容量瓶中，用水稀释至标线。

标定方法：移取 25.00mL 碳酸钠标准溶液于 150mL 锥形瓶中，加 25mL 水，加 1 滴甲基红指示液，用盐酸标准溶液滴定至淡红色为止。记录消耗的体积。用下式计算盐酸溶液的浓度。

$$c(HCl)=\frac{c_1 \times V_1}{V_2}$$

式中　c——盐酸标准滴定溶液的浓度，mol/L；

$\quad\quad c_1$——碳酸钠标准溶液的浓度，mol/L；

$\quad\quad V_1$——碳酸钠标准溶液的体积，mL；

$\quad\quad V_2$——消耗的盐酸标准滴定溶液的体积，mL。

⑫ 沸石：如玻璃珠。

⑬ 防沫剂：如石蜡碎片。

4. 实验步骤

（1）样品采集与保存　同纳氏试剂法，略。

（2）样品的预处理　同纳氏试剂法，略。

（3）水样分析　将全部馏出液转移到锥形瓶中，加入 2 滴混合指示剂，用盐酸标准溶液滴定，至馏出液由绿色变成淡紫色为终点，并记录消耗的盐酸标准滴定溶液的体积 V_s。

（4）空白实验　用 250mL 无氨水代替水样，同分析水样相同步骤先进行预蒸馏，再进行滴定，并记录消耗的盐酸标准滴定溶液的体积 V_b。

5. 结果处理

水样中氨氮的浓度 ρ_N（mg/L）用下式计算：

$$\rho_N=\frac{V_s-V_b}{V} \times c \times 14.01 \times 1000$$

式中　ρ_N——水样中氨氮的浓度（以 N 计），mg/L；

$\quad\quad V$——试样的体积，mL；

$\quad\quad V_s$——滴定试样所消耗的盐酸标准滴定溶液的体积，mL；

$\quad\quad V_b$——滴定空白所消耗的盐酸标准滴定溶液的体积，mL；

c——滴定用盐酸标准溶液的浓度，mol/L。

6. 注意事项

① 标定盐酸标准滴定溶液时，至少平行滴定 3 次，平行滴定的最大允许偏差不大于 0.05mL。

② 如果水样中存在余氯，应再加入适量 0.35％硫代硫酸钠溶液，每毫升可除去 0.5mg 余氯。

实验十　水中亚硝酸盐氮的测定

亚硝酸盐氮（$NO_2^- $-N）是氮循环的中间产物。在氧和微生物的作用下，可被氧化成硝酸盐；在缺氧条件下也可被还原为氨。亚硝酸盐进入人体后，可将低铁血红蛋白氧化成高铁血红蛋白，使之失去输送氧的能力；还可与仲胺类反应生成具致癌性的亚硝胺类物质。亚硝酸盐很不稳定，一般天然水中含量不会超过 0.1mg/L。测定水体中的亚硝酸盐氮常用 N-(1-萘基)-乙二胺分光光度法、气相分子吸收光谱法和离子色谱法等。

一、　实验目的

① 掌握水中亚硝酸盐氮的测定方法和原理。

② 了解对有颜色和浊度的水样的预处理方法。

二、　实验原理

在 pH 为 1.8±0.3 时，水中的亚硝酸盐氮与 4-氨基苯磺酰胺反应生成重氮盐，再与 N-(1-萘基)-乙二胺二盐酸盐发生偶联后生成红色染料，在 540nm 处测定其吸光度，其吸光度与亚硝酸盐含量成正比。

三、　仪器

分光光度计：配 10mm 或 20mm 比色皿。

四、　试剂

实验用水均为不含亚硝酸盐的水。

① 无亚硝酸盐的水：于蒸馏水中加入少许高锰酸钾晶体，使呈红色，再加氢氧化钡使呈碱性。置于全玻璃蒸馏器中蒸馏，弃去 50mL 初馏液，收集中间约 70% 不含锰的馏出液。

② 氢氧化铝悬浮液：溶解 125g 硫酸铝钾于 1L 水中，加热到 60℃，在不断搅拌下慢慢加入 55mL 氨水，放置约 1h 后，用水反复洗涤沉淀至洗出液不含亚硝酸盐氮为止。待澄清后，倾出上层清液，只留悬浮液，最后加入 100mL 水，使用前振荡摇匀。

③ 显色剂：于 500mL 烧杯内置入 250mL 水和 50mL 磷酸（15mol/L），加入 20.0g 4-氨基苯磺酰胺。再将 1.00g N-(1-萘基)-乙二胺二盐酸盐溶于上述溶液中，转移至 500mL 容量瓶中，用水稀至标线，摇匀。此溶液贮存于棕色试剂瓶中，保存在 2～5℃，至少可稳定 1 个月。

④ 亚硝酸盐氮标准贮备液：$\rho = 250\mu g/mL$。准确称取 1.232g 亚硝酸钠

[NaNO$_2$，优级纯，使用前在（105±5）℃干燥恒重]溶于水，移入 1000mL 容量瓶中，用水稀释至标线。此溶液贮于密闭棕色瓶中于暗处存放，可稳定保存三个月。

⑤ 亚硝酸盐氮标准中间液：$\rho=50.0\mu g/mL$。取 50.00mL 亚硝酸盐标准贮备液置于 250mL 容量瓶中，用水稀释至标线。中间液贮于棕色瓶中，保存在 2～5℃，可稳定一周。

⑥ 亚硝酸盐氮标准使用液：$\rho=1.00\mu g/mL$。取 10.00mL 亚硝酸盐标准中间液，置于 500mL 容量瓶中，用水稀释至标线。此溶液每毫升含 1.00μg 亚硝酸盐氮。此溶液使用时，当天配制。

⑦ 磷酸：$\rho=1.70g/mL$。

⑧ 硫酸：$\rho=1.84g/mL$。

⑨ 磷酸：（1+9）溶液（1.5mol/L）。溶液至少可稳定 6 个月。

五、 实验步骤

1. 水样的采集、保存和制备

水样应用玻璃瓶或聚乙烯瓶采集，并在采集后尽快分析，不要超过 24h。水样如有颜色和悬浮物，可以每 1000mL 水样中加入 2mL 氢氧化铝悬浮液搅拌，静置过滤，弃去 25mL 初滤液，取 50mL 滤液测定。如亚硝酸盐含量较高，可适量少取水样，用无亚硝酸盐的水稀释至 50mL，如水样清澈，则直接取 50mL。

2. 标准曲线绘制

取 6 支 50mL 比色管，分别加入亚硝酸盐氮的标准使用溶液 0mL、0.5mL、1.0mL、3.0mL、5.0mL 和 10.0mL，用无亚硝酸盐水稀释至刻度。加入显色剂 1.0mL，密塞，摇匀，静置，此时 pH 值应为 1.8±0.3。加入显色剂 20min 后，2h 以内，在 540nm 波长处，以实验用水作参比，测量溶液吸光度。

3. 水样分析

取经预处理的水样 50mL 于比色光中，加入 1.00mL 显色剂，然后按标准曲线绘制的相同步骤操作，测量吸光度。经空白校正后，从标准曲线上查出水样中亚硝酸盐氮的含量。

4. 空白实验

用无亚硝酸盐水代替水样，按相同步骤进行测定。

六、 结果处理

$$\text{亚硝酸盐氮（以 N 计，mg/L）} \rho_N = \frac{A_s - A_b - a}{b \times V}$$

式中 A_s——水样的吸光度；

A_b——空白实验的吸光度；

a——标准曲线的截距；

b——标准曲线的斜率；

V——水样体积，mL。

七、 注意事项

① 亚硝酸盐是含氮化合物分解过程中的中间产物，很不稳定，采样后的水样应尽快分析。

② 如水样经预处理后还有颜色，则分取两份体积相同的预处理水样，一份加1.0mL 显色剂，另一份改加 1.0mL （1＋9）磷酸溶液。由加显色剂的水样测得的吸光度，减去空白实验测得的吸光度，再减去改加磷酸溶液的水样所测得的吸光度后，获得校正吸光度，以进行色度校正。

实验十一　水中硝酸盐氮的测定

硝酸盐是在有氧环境中最稳定的含氮化合物，也是含氮有机化合物经无机化作用最终阶段的分解产物。清洁的地表水硝酸盐氮（NO_3^--N）含量较低，受污染水体和一些深层地下水中（NO_3^--N）含量较高。制革、酸洗废水，某些生化处理设施的出水及农田排水中常含大量硝酸盐。人体摄入硝酸盐后，经肠道中微生物作用转变成亚硝酸盐而呈现毒性作用。

水中硝酸盐的测定方法有酚二磺酸分光光度法、镉柱还原法、戴氏合金还原法、离子色谱法、紫外分光光度法和离子选择电极法等。

一、实验目的

掌握紫外分光光度法测定水体中硝酸盐氮含量的方法。

二、实验原理

硝酸根离子在紫外区有强烈吸收，利用硝酸根离子在 220nm 波长处的吸光度可定量测定硝酸盐氮，其他氮化物在此波长不干扰测定。溶解的有机物在 220nm 处也会有吸收从而产生干扰，同时溶解有机物在 275nm 有吸收，而硝酸根离子在此处没有吸收，因此，在 275nm 处作另一次测量，以校正硝酸盐氮值，即 $A_校 = A_{220} - 2A_{275}$。

本法适用于测定自来水、井水、地下水和洁净地面水中的硝酸盐氮，浓度范围为 0.08～4mg/L。

三、仪器

① 紫外可见分光光度计：10mm 石英比色皿。

② 容量瓶：50mL。

③ 离子交换柱（φ1.4cm，装树脂高 5～8cm）。

四、试剂

① 氢氧化铝悬浮液：溶解 125g 硫酸铝钾于 1L 水中，加热到 60℃，在不断搅拌下慢慢加入 55mL 氨水，放置约 1h 后，用水反复洗涤沉淀至洗出液不含硝酸盐氮为止。待澄清后，倾出上层清液，只留稠悬浮液，最后加入 100mL 水，使用前振荡摇匀。

② 硝酸钾标准贮备溶液：$\rho = 100$mg/L。称取 0.721g 硝酸钾（经 105～110℃烘干 4h）溶于水中，稀释至 1000mL，加 2mL 三氯甲烷作保存剂，混匀，至少可稳定 6 个月。

③ 硫酸锌溶液：10％硫酸锌水溶液。

④ 氢氧化钠溶液：$c(NaOH)=5mol/L$。

⑤ 大孔径中性树脂：CAD-40 或 XAD-2 型及类似性能的树脂。

⑥ 甲醇：分析纯。

⑦ 0.8%氨基磺酸溶液：避光保存于冰箱中。

⑧ 盐酸溶液：$c(HCl)=1mol/L$。

五、 实验步骤

1. 水样的采集、保存和测定

一般用玻璃瓶或聚乙烯瓶采集水样。采集的水样用稀硫酸酸化至 pH≤2，在24h 内测定。

2. 水样的预处理

吸附柱的制备：新的大孔径中性树脂先用 200mL 水分两次洗涤，用甲醇浸泡过夜，弃去甲醇，再用 40mL 甲醇分两次洗涤，然后用新鲜去离子水洗到柱中流出液滴落于烧杯中无乳白色为止。树脂装入离子交换柱中时，树脂间绝不允许存在气泡。

量取 200mL 水样置于锥形瓶或烧杯中，加入 2mL 硫酸锌溶液，在搅拌下滴加氢氧化钠溶液，调至 pH 为 7。或将 200mL 水样调至 pH 为 7 后，加 4mL 氢氧化铝悬浮液。待絮凝胶团下沉后，或经离心分离，吸取 100mL 上清液分两次洗涤吸附树脂柱，以每秒 1~2 滴的流速流出，各个样品间流速保持一致，弃去。再继续使水样上清液通过柱子，收集 50mL 于比色管中，备测定用。

3. 水样的测定

取 5.00mL 预处理好的水样于 50mL 容量瓶中，加 1.0mL 盐酸溶液、0.1mL 氨基磺酸溶液于比色管中（当亚硝酸盐氮低于 0.1mg/L 时，可不加氨基磺酸溶液）。用光程长 10mm 石英比色皿，在 220nm 和 275nm 波长处，以经过树脂吸附的新鲜去离子水 50mL 加 1mL 盐酸溶液 $[c(HCl)=1mol/L]$ 为参比，测量吸光度。

4. 标准曲线的绘制

在 5 个 200mL 容量瓶中分别加入 0mL、0.50mL、1.00mL、2.00mL、3.00mL、4.00mL 硝酸盐氮标准贮备液，用新鲜去离子水稀释至标线，其质量浓度分别为 0mg/L、0.25mg/L、0.50mg/L、1.00mg/L、1.50mg/L、2.00mg/L 硝酸盐氮。按水样测定相同操作步骤测量吸光度。

六、 结果处理

硝酸盐氮的含量：

$$A_{校}=A_{220}-2A_{275}$$

式中　A_{220}——220nm 波长测得吸光度；

　　　A_{275}——275nm 波长测得吸光度。

求得吸光度的校正值（$A_{校}$）以后，从标准曲线中查得相应的硝酸盐氮量，即为水样测定结果（mg/L）。水样若经稀释后测定，则结果应乘以稀释倍数。

七、 注意事项

① 为了解水样污染程度以决定是否需经预处理，需对水样进行紫外吸收光谱的扫描。水样与近似浓度的标准溶液分布曲线应类似，且 220nm 与 275nm 附近不应有肩状或折线出现。参考吸光度比值（A_{275}/A_{220}）×100% 应小于 20%，越小越好，超过时应予以鉴别。

② 可溶性有机物、亚硝酸盐、Cr^{6+} 和表面活性剂均干扰硝酸盐氮的测定。

实验十二　水和废水中总磷和溶解性正磷酸盐的测定

在天然水和废（污）水中，磷主要以各种磷酸盐（正磷酸盐、缩合磷酸盐）和有机磷化合物（如磷脂等）的形式存在，也存在于腐殖质颗粒和水生生物中。磷是生物生长的必需元素之一，但水体中磷含量过高，会导致富营养化，使水质恶化。环境中磷主要来源于化肥、冶炼、合成洗涤剂等行业的废水和生活污水、农田排水等。溶解性正磷酸盐的测定方法有离子色谱法、钼锑抗分光光度法、钼酸铵分光光度法、孔雀绿-磷钼杂多酸分光光度法和气相色谱法等。

一、实验目的

掌握溶解性正磷酸盐和总磷的测定原理和方法。

二、实验原理

正磷酸盐的测定原理：在酸性介质中，正磷酸与钼酸铵、酒石酸锑氧钾反应，生成磷钼杂多酸后，立即被抗坏血酸还原，生成蓝色的络合物（通常称磷钼蓝）。在700nm波长处测定吸光度，在一定浓度范围内吸光度与正磷酸盐的浓度成正比。

总磷的测定原理：在中性条件下用过硫酸钾（或硝酸-高氯酸）使水样消解，将所含磷全部氧化为正磷酸盐。在酸性条件下，正磷酸盐与钼酸铵、酒石酸锑氧钾反应，生成磷钼杂多酸后，立即被抗坏血酸还原，生成蓝色络合物，在700nm波长处测定吸光度。

三、仪器

① 医用手提式蒸汽消毒器或一般压力锅（$1.1 \sim 1.4 \text{kgf/cm}^2$❶）；

② 具塞比色管：50mL；

③ 纱布和棉线；

④ 分光光度计：10mm或30mm比色皿。

四、试剂

① 浓硫酸：$\rho = 1.84 \text{g/mL}$，分析纯。

②（1+1）硫酸溶液：在不断搅拌下，将浓硫酸慢慢加入到等体积水混合均匀。

③ 过硫酸钾溶液：$\rho = 50 \text{g/L}$。将5g过硫酸钾（$K_2S_2O_8$，）溶于水并稀释至100mL。

---

❶　1kgf等于9.80665N。

④ 抗坏血酸溶液：$\rho = 100g/L$。溶解 10g 抗坏血酸（$C_6H_8O_6$）于水中，并稀释至 100mL。此溶液贮于棕色的试剂瓶中，1～4℃可稳定几周。如不变色可长时间使用。

⑤ 钼酸盐溶液：溶解 13g 钼酸铵［$(NH_4)_6Mo_7O_{24} \cdot 4H_2O$］于 100mL 水中。溶解 0.35g 酒石酸锑氧钾（$KSbC_4H_4O_7 \cdot 1/2H_2O$）于 100mL 水中，在不断搅拌下把钼酸铵溶液徐徐加到 300mL(1+1) 硫酸溶液中，然后再加入酒石酸锑氧钾溶液并且混合均匀。此溶液贮于棕色瓶中，在 1～4℃下可保存 2 个月。

⑥ 正磷酸盐标准贮备溶液：$\rho = 50\mu g/mL$（以 P 计）。称 0.2179g 于 110℃干燥 2h 并在干燥器中放冷的磷酸二氢钾（KH_2PO_4），用水溶解后转移至 1000mL 容量瓶中。加入大约 800mL 水，加 (1+1) 硫酸 5mL，用水稀释至标线，摇匀。

⑦ 正磷酸盐标准使用液：$\rho = 2.00\mu g/mL$（以 P 计）。将 10.00mL 的正磷酸盐标准贮备溶液移至 250mL 容量瓶中，用水稀释至标线，混匀。

⑧ 浊度-色度补偿液：混合两份体积的 (1+1) 硫酸和一份体积的 10％抗坏血酸溶液，此溶液当天配制。

五、 实验步骤

1. 水样的采集、保存和预处理

水样应用玻璃瓶或聚乙烯瓶采集，加入 H_2SO_4，使水样 pH≤2，或不加任何添加剂于 1～5℃冷藏避光保存。采集的水样经 0.45μm 微孔滤膜过滤，其滤液供可溶性正磷酸盐的测定。滤液经强氧化剂的氧化消解，测得可溶性总磷。取混合水样（包括悬浮物），经强氧化剂的氧化消解，测定水中的总磷。本实验采用过硫酸钾消解法处理水样，具体步骤如下。

移取 25.00mL 混匀水样于 50mL 具塞比色管中（取样时应将样品摇匀，使悬浮或沉淀能得到均匀取样，如果水样含磷量高，可相应减少取样量并用水补充至 25.00mL，使含磷量不超过 30μg），加入 4mL5％过硫酸钾溶液（如果试液是酸化贮存的应预先中和成中性）。将比色管塞紧后并用纱布和棉线将玻璃塞扎紧，放在大烧杯中置于高压蒸汽消毒器内，加热，待压力达到 1.1kgf/cm²（相应温度为 120℃），保持 30min 后停止加热。待压力回至零后，取出冷却并用水稀释至刻度线。试剂空白和标准溶液也应经同样的消解操作。

2. 标准曲线的绘制

取 7 支 50mL 具塞比色管分别加入 0.00mL、0.50mL、1.00mL、2.50mL、5.00mL、10.00mL、15.00mL 正磷酸盐标准使用溶液，加水至 50mL。

① 分别向各比色管中加 1mL 抗坏血酸溶液，混匀。30s 后入 2mL 钼酸盐溶液，充分混合均匀。放置 15min。

② 用 10mm 或 30mm 比色皿，在 700nm 波长处，以水作参比，测定吸光度。扣除空白实验的吸光度后，以校正后的吸光度对应相应磷含量绘制标准曲线。

3. 水样的测定

分取适量经滤膜或消解的水样（使含磷量不超过 $30\mu g$）加入 50mL 的比色管中，用水稀释至标线。按绘制标准曲线的步骤进行显色和测定。

六、结果处理

$$\text{磷酸盐（以 P 计，mg/L）} \rho_P = \frac{A_s - A_b - a}{b \times V}$$

式中 A_s——水样的吸光度；

A_b——空白实验的吸光度；

a——标准曲线的截距；

b——标准曲线的斜率；

V——水样体积，mL。

七、注意事项

① 如水样中色度影响测定吸光度时，需做补偿校正。在 50mL 比色管中，分取与测定相同量的水样，定容后加入 3mL 浊度-色度补偿液，测定吸光度，然后从水样的吸光度中减去校正吸光度。

② 操作所用的玻璃器皿，可用 （1+5）盐酸浸泡 2h，或用不含磷酸盐的洗涤剂洗涤。

③ 比色皿用后应以稀硝酸或铬酸洗液浸泡片刻，以除去吸附的钼蓝有色物。

实验十三　水中氟化物的测定——氟离子选择电极法

氟是人体必需的微量元素之一，缺氟易患龋齿病。饮用水中含氟的适宜浓度为 $0.5\sim1.0\text{mg/L}$ (F^-)。当长期饮用含氟量高于 1.5mg/L 的水时，则易患斑齿病。如水中含氟高于 4mg/L 时，则可导致氟骨病。水中氟化物的含量是衡量水质的重要指标之一，生活饮用水水质限值为 1.0mg/L。测定氟化物的主要方法有：氟离子选择电极法、氟试剂分光光度法、茜素磺酸锆目视比色法、离子色谱法和硝酸钍滴定法，以前两种方法应用最为广泛。本实验采用氟离子选择电极法测定游离态氟离子浓度，当水样中含有化合态（如氟硼酸盐）、络合态的氟化物时，应预先蒸馏分离后测定。

一、实验目的

① 掌握离子活度计或 pH 计及氟离子选择电极的使用方法。
② 掌握用氟离子选择电极测定氟化物的原理和基本操作。
③ 了解干扰测定的因素和消除方法。

二、实验原理

氟离子选择电极是一种以氟化镧（LaF_3）单晶片为敏感膜的传感器，电极内注入一定浓度的 KF 和 NaF 溶液（内参比溶液）插入覆盖 AgCl 的银丝作为内参比电极。氟离子选择电极与含氟待测溶液及外参比电极（如甘汞电极）构成原电池。

$$\text{Ag,AgCl}\left|\begin{matrix}\text{Cl}^-(0.3\text{mol/L})\\ \text{F}^-(0.001\text{mol/L})\end{matrix}\right|\text{LaF}_3\|待测液\|\text{SCE}$$

当 F^- 浓度为 $10^{-5}\sim10^{-1}\text{mol/L}$ 时，该原电池的电动势与氟离子活度的对数呈线性关系，故通过测量电极与已知 F^- 浓度溶液组成的原电池电动势 E 值，用标准曲线法即可计算出待测水样中 F^- 浓度。

$$E=E_0-\frac{2.303RT}{F}\lg\rho_{F^-}$$

电极不能响应化合态（如沉淀）及络合态氟，某些高价阳离子（如 Al^{3+}、Fe^{3+}）能与氟离子络合而干扰测定，一般加络合剂 EDTA、柠檬酸等掩蔽。对于污染严重的生活污水和工业废水，以及含氟硼酸盐的水样均要进行预蒸馏。

pH 对测定有影响。pH 低时，有 HF、HF_2^- 形成；pH 高时，LaF_3 单晶片微溶。综合考虑，以 pH 为 $5\sim8$ 为宜，通常控制 pH 在 $5\sim6$ 测定。

三、仪器

① 氟离子选择性电极：使用前在去离子水中充分浸泡。

② 饱和甘汞电极。

③ 离子活度计或 pH 计：精确到 0.1mV。

④ 磁力搅拌器、聚乙烯或聚四氟乙烯包裹的搅拌子。

⑤ 容量瓶：1000mL、100mL。

⑥ 移液管或吸量管：10mL、5mL。

⑦ 聚乙烯烧杯：100mL。

⑧ 比色管：50mL。

四、 试剂

① 氟化物标准贮备液：$\rho_{F^-} = 100\mu g/mL$。称取 0.2210g 基准氟化钠（NaF）（预先于 105～110℃烘干 2h，或者于 500～650℃烘干约 40min，冷却），用水溶解后转入 1000mL 容量瓶中，稀释至标线，摇匀。贮存在聚乙烯瓶中。

② 盐酸溶液：$c = 2mol/L$。

③ 乙酸钠溶液：$\rho = 150g/L$。称取 15g 乙酸钠（CH_3COONa）溶于水，并稀释至 100mL。

④ 总离子强度调节缓冲溶液（TISAB）：称取 58.8g 二水合柠檬酸钠和 85g 硝酸钠，加水溶解，用盐酸调节 pH 值至 5～6，转入 1000mL 容量瓶中，稀释至标线，摇匀。

五、 实验步骤

1. 水样的采集、保存和预处理

用聚乙烯容器采集和保存水样，不能立即测定，需要 1～5℃冷藏保存水样。污染严重的生活污水和工业废水，或含有化合态（如氟硼酸盐）、络合态的氟化物时的水样均要进行预蒸馏。

2. 仪器准备和操作

按照所用测量仪器和电极使用说明，首先接好线路，将各开关置于"关"的位置，开启电源开关，预热 15min，以后操作按说明书要求进行。测定前，试液应达到室温，并与标准溶液温度一致（温差不得超过±1℃）。

3. 氟化物标准溶液：$\rho = 10\mu g/mL$

用吸管吸取氟化钠标准贮备液 10.00mL，注入 100mL 容量瓶中，稀释至标线，摇匀。

4. 标准曲线绘制

用吸管取 1.00mL、3.00mL、5.00mL、10.00mL、20.00mL 氟化物标准溶液，分别置于 5 支 50mL 比色管中，加 10mL 总离子强度调节缓冲溶液，用水稀释至标线，摇匀。分别移入 100mL 聚乙烯杯中，各放入一只塑料搅拌子，按浓度由低到高的顺序，依次插入电极，连续搅拌溶液，读取搅拌状态下的稳态电位值（E）。在每次测量之前，都要用水将电极冲洗净，并用滤纸吸去水分。在计算机上

绘制 $E-\lg\rho_{F^-}$ 标准曲线。

5. 水样的测定

用吸液管吸取适量置于 50mL 比色管中，用乙酸钠或盐酸溶液调节至近中性，加入 10mL 总离子强度调节缓冲溶液，用水稀释至标线，摇匀。将其移入 100mL 聚乙烯杯中，放入一只塑料搅拌子，插入电极，连续搅拌溶液，待电位稳定后，在继续搅拌下读取电位值（E_x）。在每次测量之前，都要用水充分洗涤电极，并用滤纸吸去水分。根据测得的电位数，由标准曲线上查得氟化物的含量。

6. 空白实验

用去离子水代替水样，按测定样品的条件和步骤进行测定电位值，检验去离子水和试剂的纯度，如果测定值不能忽略，应从水样测定结果中减去该值。

当水样组成复杂或成分不明时，宜采用一次标准加入法，以便减小基体的影响。其操作是：先按步骤 5 测定出水样的电位值（E_1），然后向水样中加入一定量（与试液中氟的含量相近）的氟化物标准液，在不断搅拌下读取稳态电位值（E_2）。按下式计算水样中氟离子的含量：

$$\rho_x = \rho_s \times \frac{V_s}{V_s + V_x}(10^{\frac{E_1 - E_2}{S}} - \frac{V_x}{V_x + V_s})^{-1}$$

式中 ρ_x——水样中氟化物（F^-）浓度，mg/L；

     V_x——水样体积，mL；

     ρ_s——F^- 标准溶液的浓度，mg/L；

     V_s——加入 F^- 标准溶液的体积，mL；

     S——氟离子选择性电极实测斜率。

如果 $V_s \ll V_x$，则上式可简化为：

$$\rho_x = \rho_s \times \frac{V_s}{V_x}(10^{\frac{E_1 - E_2}{S}})^{-1}$$

六、 结果处理

① 绘制 $E-\lg\rho_{F^-}$ 标准曲线：$E = E_0 - \dfrac{2.303RT}{F}\lg\rho_{F^-}$

② 氟化物（以 F^- 计，mg/L）：$\rho_{测} = 10^{\frac{(E_0 - E) \times F}{2.303RT}}$

式中 E——水样的稳态电位；

     E_0——标准曲线的截距；

     R——气体常数，8.314J/(K·mol)；

     T——热力学温度，K^{-1}；

     F——法拉第常数，96500C/mol。

③ $\rho_{F^-} = \dfrac{\rho_{测} \times 50}{V}$

式中 ρ_{F^-}——水样中氟离子的质量浓度，mg/L；

$\rho_{测}$——由标准曲线计算出的氟离子的质量浓度，mg/L；

V——水样体积，mL。

七、 注意事项

① 电极用后应用水充分冲洗干净，并用滤纸吸去水分，放在空气中，或者放在稀的氟化物标准溶液中。如果短时间不再使用，应洗净，吸去水分，套上保护电极敏感部位的保护帽。电极使用前仍应洗净，并吸去水分。

② 如果试液中氟化物含量低，则应从测定值中扣除空白实验值。

③ 不得用手指触摸电极的敏感膜；如果电极膜表面被有机物等沾污，必须先清洗干净后才能使用。

④ 一次标准加入法所加入标准溶液的浓度（c_s），应比试液浓度（c_x）高 10～100 倍，加入的体积为试液的 1/100～1/10，以使体系的 TISAB 浓度变化不大。

实验十四 硬度的测定——EDTA 滴定法

所谓的硬水是指在洗涤时肥皂不易起泡沫，在加热时易生成水垢的水。造成这种现象的物质是一些容易生成难溶盐类的金属阳离子，如 Ca^{2+}、Mg^{2+}、Fe^{2+}、Mn^{2+}、Sr^{2+}、Fe^{3+}、Al^{3+} 等，其中最主要的是 Ca^{2+}、Mg^{2+}，其他离子在水中含量较少，因此，一般常以水中 Ca^{2+}、Mg^{2+} 的含量来计算硬度。不同国家对硬度有不同的定义，如总硬度、碳酸盐硬度和非碳酸盐硬度等。总硬度是 Ca^{2+}、Mg^{2+} 的总浓度，碳酸盐硬度是总硬度的一部分，相当于与水中的碳酸盐和重碳酸盐结合的 Ca^{2+}、Mg^{2+} 形成的硬度。非碳酸盐硬度是总硬度的另一部分，当水中 Ca^{2+}、Mg^{2+} 含量超出与它结合的碳酸盐和重碳酸盐的含量时，多余的 Ca^{2+}、Mg^{2+} 就和水中的氯离子、硫酸根和硝酸根结合成非碳酸盐硬度。

碳酸盐硬度又称为"暂时硬度"，因为它们在煮沸时即分解，生成白色沉淀，反应式如下：

$$Ca(HCO_3)_2 \xrightarrow{\triangle} CaCO_3 \downarrow + CO_2 \uparrow + H_2O$$

$$Mg(HCO_3)_2 \xrightarrow{\triangle} MgCO_3 \downarrow + CO_2 \uparrow + H_2O$$

非碳酸盐硬度又称为"永久硬度"，因为水在普通气压下沸腾，体积不变时 Ca^{2+}、Mg^{2+} 不生成沉淀。

一、 实验目的

① 了解测定水总硬度的意义及常用的硬度表示方法。

② 掌握测定水总硬度的原理和方法。

二、 实验原理

在 pH＝10 时，用 EDTA 溶液络和滴定 Ca^{2+}、Mg^{2+}，作为指示剂的铬黑 T 与 Ca^{2+}、Mg^{2+} 形成紫红或紫色溶液。在滴定中游离的 Ca^{2+}、Mg^{2+} 首先与 EDTA 反应，到完全络合后，继续滴加 EDTA 时，由于 EDTA 与 Ca^{2+}、Mg^{2+} 络合物的条件稳定常数大于铬黑 T 与 Ca^{2+}、Mg^{2+} 络合物的条件稳定常数，EDTA 夺取铬黑 T 络合物中的金属离子，将铬黑 T 游离出来，溶液呈现游离铬黑 T 的蓝色。因此达终点时溶液的颜色由紫色变为亮蓝色。

样品中含铁离子 30mg/L 时，可在临滴定前加入 250mg 氰化钠或数毫升三乙醇胺掩蔽，氰化物使锌、铜、钴的干扰减至最小，三乙醇胺能减少铝的干扰。注意加氰化钠前须保证溶液显碱性。当样品正磷酸盐含量超出 1mg/L 时，在滴定 pH 条件下，会产生钙的沉淀物。如滴定速度太慢或钙含量超出 100mg/L，会析出碳酸钙沉淀。如上述干扰未能消除或存在铝、钡、铅、锰等离子的干扰时，须采用原子吸收分光光度法测定。

三、 仪器

① 碱式滴定管：50mL 或 25mL。

② 锥形瓶：250mL。

四、 试剂

① NH₃-NH₄Cl 缓冲溶液（pH=10）：称取 1.25gEDTA 二钠镁和 16.9g 氯化铵溶于 143mL 氨水中，用水稀释至 250mL。

如无 EDTA 二钠镁，可先将 16.9g 氯化铵溶于 143mL 氨水中。另取 0.78g 硫酸镁（$MgSO_4 \cdot 7H_2O$）和 1.179g 二水合 EDTA 二钠（Na_2EDTA）溶于 50mL 水，加入 2mL 配好的氯化铵的氨水溶液和 0.2g 左右的铬黑 T 指示剂干粉。此时溶液应显紫红色，如出现蓝色，应再加入极少量的硫酸镁使它变成紫红色。逐滴加入 EDTA 二钠，溶液由紫红转变为蓝色为止（切勿过量）。将两液合并，加蒸馏水定容至 250mL。如果合并后溶液又转变为紫色，在计算结果时应做空白校正。

② 钙标准溶液：c=10mmol/L。预先将碳酸钙在 150℃干燥 2h，称取 1.001g 置于 500mL 锥形瓶中，用水湿润。逐滴加入 4mol/L 盐酸至碳酸钙完全溶解。加水 200mL，煮沸数分钟驱除二氧化碳，冷至室温，加入数滴甲基红指示剂（0.1g 甲基红溶于 100mL60%的乙醇中）。逐滴加入 3mol/L 氨水直至变为橙色，移入容量瓶中定容至 1000mL。

③ EDTA 标准滴定溶液：c=10mmol/L。称取 3.725g 于 80℃干燥 2h 并冷却至室温的 Na_2EDTA 溶于水，在容量瓶中稀释至 1000mL，存放在聚乙烯瓶中。

标定：按照测定步骤操作方法，用 20.00mL 钙标准溶液稀释至 50.00mL 标定 EDTA 溶液。

浓度计算：EDTA 溶液的浓度（c_1），以 mmol/L 表示，用下式计算。

$$c_1 = \frac{c_2 V_2}{V_1}$$

式中　c_2——钙标准溶液浓度，mmol/L；

　　　V_2——钙标准溶液体积，mL；

　　　V_1——消耗 EDTA 溶液的体积，mL。

④ 铬黑 T 指示剂：将 0.5g 铬黑 T（又名媒染黑 11）溶于 100mL 三乙醇胺，可最多用 25mL 乙醇代替三乙醇胺以减少溶液的黏性，盛放在棕色瓶里（或配成铬黑指示剂干粉：称取 0.5g 铬黑 T 与 100g 氯化钠充分研细、混匀，盛放在棕色瓶中，紧塞）。

⑤ 甲基红指示剂：0.1g 甲基红溶于 100mL60%的乙醇中。

五、 实验步骤

1. 采样

水样应用玻璃瓶或聚乙烯瓶采集，采集后应于 24h 内完成测定，否则水样中应加入硝酸使 pH≤2。

2. 样品测定

吸取 50.00mL 水样置于 250mL 锥形瓶中，加 4mL NH_3-NH_4Cl 缓冲溶液和 3 滴铬黑 T 指示剂，立即用 EDTA 标准滴定溶液滴定，开始滴定时速度稍快，接近终点时宜稍慢，并充分摇匀，滴定至紫色消失刚出现亮蓝色即为终点。整个滴定过程应在 5min 内完成。记录消耗 EDTA 溶液的用量。

六、 结果处理

$$总硬度(CaCO_3, mg/L) = \frac{c_1 \times V_1}{V_0} \times 100.1$$

式中　c_1——EDTA 标准溶液浓度，mmol/L；

　　V_1——消耗 EDTA 溶液的体积，mL；

　　V_0——水样体积，mL。

七、注意事项

① 缓冲溶液在夏天长期存放或经常打开瓶塞，将引起氨水浓度降低，使 pH 下降。

② 加入镁盐可使含盐较低的水样在滴定时终点更敏锐。

③ 应在白天或日光灯下滴定，钨丝灯光使终点成紫色，不宜使用。

④ 为防止碳酸钙或氢氧化镁在碱性溶液中沉淀，滴定时所取的 50mL 水样中钙和镁的总量不超过 3.6mmol/L。加入缓冲溶液后，必须立即滴定，并在 5min 内完成。在到达终点之前，每加一滴标准滴定溶液，都应该充分摇匀，最好每滴间隔 2~3s。

实验十五　工业废水中铬的价态分析—— 二苯碳酰二肼分光光度法

铬是生物体所必需的微量元素之一，铬的毒性与其存在价态有关，六价铬有致癌性，易被人体吸收并在体内蓄积，通常认为六价铬比三价铬的毒性要大 100 倍，为强毒性。另外据研究，尽管三价铬毒性较低，对鱼类的毒性却很大，且在一定的条件下，三价铬可以转化为六价铬。由于铬的毒性及危害与其价态有关，因此，测定水体中的铬的化合物必须进行不同价态铬的含量分析。测定水中铬的方法有：二苯碳酰二肼分光光度法、火焰原子吸收光谱法、电感耦合等离子体原子发射光谱和硫酸亚铁铵滴定法。

一、 实验目的

掌握六价铬和三价铬的测定原理和方法。

二、 实验原理

六价铬的测定：在酸性溶液中，六价铬离子与二苯碳酰二肼反应，生成紫红色化合物，在 540nm 测定其吸光度，吸光度与六价铬离子浓度的关系符合朗伯比尔定律。

三价铬的测定：将水样中的三价铬先用高锰酸钾氧化成六价铬，过量的高锰酸钾再用亚硝酸钠分解，最后用尿素分解过量的亚硝酸钠，经过这样处理后的试样，加入二苯碳酰二肼显色后，应用分光光度法即可测得总铬含量。将总铬含量减去上述直接测得的六价铬含量，即得三价铬含量。

实验中，Mo^{6+}、V^{5+}、Fe^{3+} 等有干扰，其中 Mo^{6+} 干扰较少，Fe^{3+} 的干扰较大，可采用加入磷酸的办法消除，V^{5+} 与显色剂生成的颜色则可通过放置 $5 \sim 10min$ 的办法消除。

三、 仪器

① 分光光度计：10mm 或 30mm 比色皿。

② 具塞比色管：50mL。

③ 容量瓶：1000mL、500mL。

四、 试剂

（1）二苯碳酰二肼溶液：$\rho = 2.0 g/L$。称取 0.20g 二苯碳酰二肼溶于 50mL 丙酮溶液中，加水稀释至 100mL，摇匀，贮于棕色试剂瓶并置于冰箱中保存。颜色变深后不再使用。

（2）铬标准贮备液：$\rho = 100.0 \mu g/mL$。称取 120℃ 干燥 2h 的重铬酸钾（优级纯）0.2829g，用水溶解后定容至 1000mL 的容量瓶。

（3）铬标准使用液：$\rho = 1.00\mu g/mL$。吸取 5.00mL 铬标准贮备液于 500mL 容量瓶，用水稀释标线，摇匀，使用时当天配制。

（4）（1+1）硫酸溶液：将浓硫酸缓缓加入到等体积水中，混匀。

（5）（1+1）磷酸溶液：将磷酸与等体积水混合。

（6）$NaNO_2$ 溶液：$\rho = 20g/L$。将亚硝酸钠 2g 溶于水并稀释至 100mL。

（7）$KMnO_4$ 溶液：$\rho = 40g/L$。称取高锰酸钾溶 4g，在加热和搅拌下溶于水，稀释至 100mL。

（8）尿素溶液：$\rho = 200g/L$。将尿素 20g 溶于水中并稀释至 100mL。

（9）（1+1）氢氧化铵溶液：氨水（$NH_3 \cdot H_2O$，$\rho = 0.90g/mL$）与等体积水混合。

（10）丙酮。

（11）铜铁试剂：$\rho = 50g/L$。称取铜铁试剂 [$C_6H_5N(NO)ONH_4$] 5g，溶于冰水中并稀释至 100mL。临用时现配。

五、 实验步骤

（一）水样的采样

测定六价铬时水样应用玻璃瓶或聚乙烯瓶采集，采集后应于 24h 内完成测定，否则每升水样中应加入氢氧化钠使 pH=8～9；测定总铬时，应加入硝酸溶液使水样 pH≤2。

（二）水样预处理

1. 测定六价铬水样的预处理方法

① 对不含悬浮物、低色度的清洁地面水，可直接进行测定。

② 如果水样有色但不深，可进行色度校正。即另取一份试样，加入除显色剂以外的各种试剂，以 2mL 丙酮代替显色剂，用此溶液为测定试样溶液吸光度的参比溶液。

③ 对浑浊、色度较深的水样，应加入氢氧化锌共沉淀剂并进行过滤处理。

④ 水样中存在次氯酸盐等氧化性物质时干扰测定，可加入尿素和亚硝酸钠消除。

⑤ 水样中存在低价铁、亚硫酸盐、硫化物等还原性物质时，可将 Cr^{6+} 还原为 Cr^{3+}，此时，调节水样 pH 值至 8，加入显色剂溶液，放置 5min 后再酸化显色，并以同法作标准曲线。

2. 测定总铬水样的预处理方法

① 一般清洁地面水可直接用高锰酸钾氧化后测定。

② 对含大量有机物的水样，需进行消解处理。即取 50mL 或适量（含铬少于 $50\mu g$）水样，置于 150mL 烧杯中，加入 5mL 浓硝酸和 3mL 浓硫酸，加热蒸发至冒白烟。如溶液仍有色，再加入 5mL 浓硝酸，重复上述操作，至溶液清澈，冷却。用水稀释至 10mL，用氢氧化铵溶液中和至 pH 为 1～2，移入 50mL 容量瓶中，用水稀释至标线，摇匀，供测定。

③ 如果水样中钼、钒、铁、铜等含量较大，先用铜铁试剂-三氯甲烷萃取除去，然后再进行消解处理。

④ 高锰酸钾氧化三价铬：取 50.0mL 或适量（铬含量少于 50μg）清洁水样或经预处理的水样（如不到 50.0mL，用水补充至 50.0mL）于 150mL 锥形瓶中，用氢氧化铵和硫酸溶液调至中性，加入几粒玻璃珠，加入（1+1）硫酸和（1+1）磷酸各 0.5mL，摇匀。加入 40g/L 高锰酸钾溶液 2 滴，如紫色消退，则继续滴加高锰酸钾溶液至保持紫红色。加热煮沸至溶液剩约 20mL。冷却后，加入 1mL 200g/L 的尿素溶液，摇匀。用滴管加 20g/L 亚硝酸钠溶液，每加一滴充分摇匀，至紫色刚好消失。稍停片刻，待溶液内气泡逸尽，转移至 50mL 比色管中，稀释至标线，供测定。

（三）标准曲线的绘制

取 9 支 50mL 比色管，依次加入 0mL、0.20mL、0.50mL、1.00mL、2.00mL、4.00mL、6.00mL、8.00mL 和 10.00mL 铬标准使用液，用水稀释至标线，加入（1+1）硫酸 0.5mL 和（1+1）磷酸 0.5mL，摇匀。加入 2mL 显色剂溶液，摇匀。5～10min 后，于 540nm 波长处，用 10mm 或 30mm 比色皿，以水为参比，测定吸光度并做空白校正。以吸光度为纵坐标，相应六价铬含量为横坐标绘出标准曲线。

（四）水样的测定

取适量（含 Cr^{6+} 少于 50μg）无色透明或经预处理的水样于 50mL 比色管中，用水稀释至标线，测定方法同标准溶液。进行空白校正后根据所测吸光度从标准曲线上查得 Cr^{6+} 含量。

六、结果处理

$$六价铬（mg/L）\ \rho_{Cr^{6+}} = \frac{A_s - A_b - a}{b \times V}$$

式中　A_s——测六价铬时水样的吸光度；

A_b——空白实验的吸光度；

a——标准曲线的截距；

b——标准曲线的斜率；

V——测六价铬时水样体积，mL。

$$总铬（mg/L）\ \rho_{总铬} = \frac{A_s - A_b - a}{b \times V}$$

式中　A_s——测总铬时水样的吸光度；

A_b——空白实验的吸光度；

a——标准曲线的截距；

b——标准曲线的斜率；

V——测总铬时水样体积，mL。

$$三价铬(mg/L)\rho_{Cr^{3+}} = \rho_{总铬} - \rho_{Cr^{6+}}$$

七、 注意事项

① 实验中，Mo^{6+}、Hg^{+}、Hg^{2+}、V^{5+}、Fe^{3+} 均对铬的测定有干扰。其中 Hg^{+} 和 Hg^{2+} 在实验规定的酸度条件下，显色不灵敏，干扰并不明显。当水样中 Mo^{6+} 含量大于 200mg/L，V^{5+} 的含量 10 倍于铬的含量，Fe^{3+} 的含量大于 1mg/L 时，可用二氯甲烷萃取它们与铜试剂的络合物，来消除干扰。

② 所有玻璃器皿，不能用重铬酸钾洗液洗涤。

③ 二苯碳酰二肼的丙酮溶液，应贮于棕色瓶，保存于冰箱中，发现变色后，就不能继续使用。

实验十六　水中铜、锌、铅和镉的测定——火焰原子吸收分光光度法

水体中的金属元素，有些是人体健康必需的常量元素和微量元素如铜和锌，有些是有害于人体健康的如铅和镉。其中镉的毒性很强，可在人体的肝、肾等组织中蓄积，造成各脏器组织的损坏，尤以对肾脏损害最为明显。铅主要的毒性效应是导致贫血、神经机能失调和肾损伤等。虽然铜是人体所必需的微量元素，缺铜会发生贫血、腹泻等病症，但过量摄入铜亦会产生危害。锌是人体必不可少的有益元素，每升水含数毫克锌对人体和温血动物无害，但对鱼类和其他水生生物影响较大。金属元素的毒性大小与金属种类、理化性质、浓度及存在的价态和形态有关，一般来说，有机化合物比相应的无机化合物毒性要强得多；可溶性金属要比颗粒态金属毒性大。测定水体中金属元素广泛采用的方法有分光光度法、原子吸收分光光度法、电感耦合等离子体原子发射光谱法、阳极溶出伏安法及容量法，尤以前两种方法用得最多；容量法用于常量金属的测定。

一、　实验目的

① 掌握原子吸收分光光度计的工作原理和使用方法。
② 掌握用火焰原子吸收光谱法测定铜、锌、铅和镉的原理和方法。
③ 掌握水样中金属的消解方法。

二、　实验原理

水样或消解处理好的试样被引入火焰原子化器后，经雾化进入空气-乙炔火焰，在适宜的条件下，铜、锌、铅和镉等离子被原子化，生成的基态原子能吸收待测元素的特征谱线。其吸光度与浓度的关系在一定范围内服从朗伯-比尔定律，将测得样品的吸光度和标准溶液的吸光度进行比较，确定水样中待测元素的含量。

三、　仪器

① 原子吸收分光光度计。
② 铜空心阴极灯，锌空心阴极灯，铅空心阴极灯，镉空心阴极灯。
③ 容量瓶：100mL、500mL、1000mL。
④ 比色管：50mL。

四、　试剂

① 硝酸：优级纯。
② 高氯酸：优级纯。
③ 燃气乙炔：纯度不低于99.6%。

④ 助燃气空气：由空气压缩机提供。

⑤ 铜标准贮备液：$\rho = 1.000\text{g/L}$。准确称取 0.5000g 光谱纯金属铜，用适量 (1+1) 硝酸溶解，必要时加热直至溶解完全，冷却后转移到 500mL 容量瓶中，用水稀释至刻度。

⑥ 锌标准贮备液：$\rho = 1.000\text{g/L}$。准确称取 0.5000g 光谱纯金属锌，其他步骤同上。

⑦ 铅标准贮备液：$\rho = 1.000\text{g/L}$。准确称取 0.5000g 光谱纯金属铅，其他步骤同上。

⑧ 镉标准贮备液：$\rho = 1.000\text{g/L}$。准确称取 0.5000g 光谱纯金属镉，其他步骤同上。

⑨ (1+1) 硝酸溶液：把硝酸加入到等体积的水中，混匀。

⑩ (1+499) 硝酸溶液：把 1 体积的硝酸加入到 499 体积的水中，混匀。

⑪ 铅、铜、锌和镉混合标准中间液：分别取 100.0mL 铅标准贮备液、50.00mL 铜标准贮备液、10.00mL 锌标准贮备液和 10.00mL 镉标准贮备液于 1000mL 容量瓶中，用 (1+499) 的硝酸稀释到刻度线。此时混合标准中间液中铅、铜、锌和镉的浓度分别为：100.00mg/L、50.00mg/L、10.00mg/L 和 10.00mg/L。

五、 实验步骤

(一) 水样的采集和预处理

1. 水样的采集

用聚乙烯容器采集水样，分析水样中金属总量的样品，采集后加硝酸酸化，使 pH=1～2；分析溶解态的金属的样品，采集后立即过 0.45μm 滤膜，滤液加硝酸酸化。

2. 水样的预处理

取 100mL 水样放入 200mL 烧杯中，加入硝酸 5mL，在电热板上加热消解（不要沸腾）。蒸至 10mL 左右，加入 5mL 硝酸和 2mL 高氯酸，继续消解直至 1mL 左右。如果消解不完全，再加入 5mL 硝酸和 2mL 高氯酸，再次蒸至 1mL 左右。取下冷却，用水溶解残渣，用水定容至 100mL。取 (1+499) 硝酸溶液 100mL，按上述相同操作，以此为空白样。

(二) 标准溶液配制

在 4 个 100mL 的容量瓶中，用 (1+499) 硝酸溶液稀释铅、铜、锌和镉混合标准中间液，配制不同浓度的标准溶液。混合标准中间液的具体加入量和相应铅、铜、锌和镉浓度见表 3-6。

表 3-6　混合标准溶液的配制和浓度

混合标准中间液的加入体积/mL		0.50	1.00	3.00	5.00	10.00
标准溶液浓度 /(mg/L)	铅	0.50	1.00	3.00	5.00	10.00
	铜	0.25	0.50	1.50	2.50	5.00
	锌	0.05	0.10	0.30	0.50	1.00
	镉	0.05	0.10	0.30	0.50	1.00

（三）仪器准备

开启原子吸收分光光度计，调整好四种金属元素的分析线和火焰类型及其他测试条件。

（四）吸光度测定

① 将仪器调整到最佳工作状态，首先将铜空心阴极灯置于光路，其他空心阴极灯设为预热状态，点燃火焰。仪器用（1＋499）硝酸溶液调零。

② 按照由稀至浓的顺序分别吸入混合标准溶液，记录其吸光度。喷二次蒸馏水洗涤，然后吸入消解空白溶液和样品溶液，记录吸光度。

③ 分别将其他空心阴极灯调入光路，调整仪器测试参数，按步骤②相同步骤测定混合标准溶液和水样中铅、锌和镉吸光度。

六、 结果处理

根据测得的混合标准溶液的吸光度绘制标准曲线或用最小二乘法计算回归方程，根据水样的吸光度分别从各自的标准曲线上查出或用回归方程计算得出水样中铅、铜、锌和镉的含量。

七、 注意事项

（1）测定镉、铜、铅、锌等元素时，对于废水和受污染的水（金属浓度含量高）可直接用火焰原子吸收光谱法测定；对于清洁水（金属浓度含量低）用萃取或离子交换法富集后用火焰原子吸收光谱法测定。

（2）硝酸和高氯酸都是强氧化性酸，联合使用可消解含难氧化有机物的水样。在消解时先加入硝酸，因为高氯酸能与羟基化合物反应生成不稳定的高氯酸酯，有发生爆炸的危险。氧化水样中的羟基化合物，稍冷后再加高氯酸处理。

（3）如果水样的基体组成复杂且对测定有明显干扰时，则在标准曲线呈线性关系的浓度范围内，采用标准加入法来代替标准曲线法。

实验十七 水中挥发酚的测定——
4-氨基安替比林分光光度法

根据酚类能否与水蒸气一起蒸出，分为挥发酚与不挥发酚。通常认为沸点在 230℃ 以下的为挥发酚（属一元酚），而沸点在 230℃ 以上的为不挥发酚。酚属高毒物质，人体摄入一定量会出现急性中毒症状；长期饮用被酚污染的水，可引起头昏、瘙痒、贫血及神经系统障碍。当水中含酚大于 5mg/L 时，就会使鱼中毒死亡。酚的主要分析方法有容量法、分光光度法、色谱法等。目前各国普遍采用的是 4-氨基安替比林分光光度法；高浓度含酚废水可采用溴化容量法。

一、 实验目的

① 了解挥发酚污染对水环境的影响。

② 掌握用萃取比色法和直接分光光度法测定挥发酚的原理和方法。

二、 实验原理

用蒸馏法使水中挥发性酚类化合物蒸馏出，并与干扰物质和固定剂分离。被蒸馏出的酚类化合物，于 pH＝10.0±0.2 介质中，在铁氰化钾存在下，与 4-氨基安替比林反应生成橙红色的安替比林染料，显色后，在 30min 内，于 510nm 波长测定吸光度。如果用三氯甲烷萃取生成橙红色的安替比林染料，可以在 460nm 波长下测定吸光度。

该方法可测定苯酚及邻间位取代酚，但不能测定对位有取代基的酚。由于样品中各种酚的相对含量不同，因而不能提供一个含混和酚的通用标准。通常选用苯酚作标准。任何其他酚在反应中产生的颜色都看作是苯酚的结果。取代酚一般会降低响应值，因此，用该方法测出的值仅代表挥发酚的最低浓度。

三、 仪器

① 分光光度计：20mm 比色皿。

② 全玻璃蒸馏器：500mL。

③ 容量瓶：100mL、1000mL。

④ 比色管：50mL。

⑤ 酸式滴定管：50mL。

⑥ 碘量瓶：250mL。

四、 试剂

① 无酚水：本实验均用无酚水，制备方法如下。

a. 置蒸馏水于全玻璃磨口蒸馏器内，加氢氧化钠溶液至强碱性，滴加高锰酸钾溶液至深紫色，加热蒸馏，馏出液贮于硬质玻璃瓶中。

b. 在每升重蒸馏水中加入 0.2g 活性炭，充分摇匀，放置过夜，过滤，贮于硬质玻璃瓶中。

② $CuSO_4$ 溶液：$\rho = 100g/L$。称取 100g 硫酸铜（$CuSO_4 \cdot 5H_2O$）溶解于 1L 水中。

③ 磷酸溶液：量取 10.0mL 85% 的磷酸，用水稀释至 100mL。

④ 溴酸钾-溴化钾：$c(1/6KBrO_3) = 0.1mol/L$。称取 2.784g 无水溴酸钾溶于水中，加入 10g 溴化钾，溶解后移入 1000mL 容量瓶内，稀释至刻度。

⑤ 硫代硫酸钠标准溶液：$c(Na_2S_2O_3) \approx 0.0251mol/L$（或 $\rho = 6.2g/L$）。称取 6.2g 硫代硫酸钠，溶于煮沸后冷却的水中，加入 0.2g 碳酸钠，溶解后移入 1000mL 容量瓶内，稀释至刻度，贮于棕色瓶中，标定方法见本章"实验三　溶解氧的测定"。

⑥ 酚标准贮备液：$\rho(C_6H_5OH) = 1.00g/L$。称取 1.0g 苯酚溶于煮沸后冷却的水中，稀释至 1L，置冰箱内冷藏，可稳定保存 1 个月。

标定：取 10.0mL 酚标准贮备液于 250mL 碘量瓶中，加入 100mL 无酚水、10.0mL 0.1mol/L 溴酸钾-溴化钾溶液，立即加入 5mL 浓盐酸，盖好瓶塞，摇匀，于暗处放置 15min，加入 1g 碘化钾摇匀，密塞，于暗处放置。5min 后用 0.025mol/L 硫代硫酸钠滴定至淡黄色，再加 1mL 淀粉溶液，继续滴定至蓝色刚好消失，记录用量。用水代替苯酚贮备液，做空白滴定，记录用量。

酚标准贮备液浓度由下式计算：

$$\text{苯酚浓度（mg/mL）} = \frac{(V_1 - V_2) \times c}{V} \times 15.68$$

式中　V_1——空白实验中硫代硫酸钠溶液的用量，mL；

$\quad\quad V_2$——滴定酚贮备液时硫代硫酸钠溶液的用量，mL；

$\quad\quad c$——硫代硫酸钠标准溶液浓度，mol/L；

$\quad\quad V$——酚贮备溶液体积，mL；

15.68——苯酚（$1/6C_6H_5OH$）的摩尔质量，g/mol。

⑦ 酚标准中间液：$\rho(C_6H_5OH) = 10.0mg/L$。取适量酚标准贮备液 [$\rho(C_6H_5OH) = 1.00g/L$] 用水稀释至 100mL 容量瓶中，使用时当天配制。

⑧ 酚标准使用液：$\rho(C_6H_5OH) = 1.00mg/L$。取适量酚标准中间液 [$\rho(C_6H_5OH) = 100mg/L$] 用水稀释至 100mL 容量瓶中，用前 2h 配制。

⑨ 缓冲溶液：pH = 10.7。称取 20g 氯化铵（NH_4Cl）溶于 100mL 氨水 [$\rho(NH_3 \cdot H_2O) = 0.90g/mL$] 中，密塞，置冰箱中保存。为避免氨的挥发所引起的 pH 值的改变，应注意在低温下保存，且取用后立即加塞盖严，并根据使用情况适量配制。

⑩ 4-氨基安替比林溶液：称取 2.0g 4-氨基安替比林溶于水中，稀释至 100mL

容量瓶中，用时配制，该溶液贮于棕色瓶中，在冰箱中保存 1 周。

⑪ 铁氰化钾溶液：$\rho\{K_3[Fe(CN)_6]\} = 80g/L$。称取 8g 铁氰化钾溶于水，溶解后移入 100mL 容量瓶中，用水稀释至标线。置冰箱内冷藏，可保存 1 周。

⑫ 1%淀粉：$\rho = 10g/L$。称取 1g 可溶性淀粉，用少量水调成糊状，加沸水至 100mL，冷却后冰箱内保存。

⑬ 甲基橙指示液：$\rho(\text{甲基橙}) = 0.5g/L$。称取 0.1g 甲基橙溶于水，溶解后移入 200mL 容量瓶中，用水稀释至标线。

⑭ 淀粉-碘化钾试纸：称取 1.5g 可溶性淀粉，用少量水搅成糊状，加入 200mL 沸水，混匀，放冷，加 0.5g 碘化钾和 0.5g 碳酸钠，用水稀释至 250mL，将滤纸条浸渍后，取出晾干，盛于棕色瓶中，密塞保存。

⑮ 乙酸铅试纸：称取乙酸铅 5g，溶于水中，并稀释至 100mL。将滤纸条浸入上述溶液中，1h 后取出晾干，盛于广口瓶中，密塞保存。

⑯ pH 试纸：1～14。

五、 实验步骤

（一）水样的采集和预处理

1. 水样的采集

在水样采集现场，用淀粉-碘化钾试纸检测水样中有无游离氯等氧化剂的存在。若试纸变蓝，应及时加入过量硫酸亚铁去除。样品采集量应大于 500mL，贮于硬质玻璃瓶中。采集后的样品应及时加磷酸酸化至 pH 约 4.0，并加适量硫酸铜，使样品中硫酸铜质量浓度约为 1g/L，以抑制微生物对酚类的生物氧化作用。采集后的水样应在 4℃下冷藏，24h 内进行测定。

2. 水样的预处理——预蒸馏

量取 250mL 待测水样于蒸馏瓶中，加 25mL 无酚水和数粒玻璃珠以防暴沸，再加 2 滴甲基橙指示剂。用磷酸溶液将水样调至橙红色（此时 pH 约为 4）。若试样未显橙红色，则需继续补加磷酸溶液，连接冷凝器，加热蒸馏，收集馏出液 250mL 至容量瓶中。

（二）水样的测定

1. 直接分光光度法

（1）显色 分取馏出液 50.0mL 加入 50mL 比色管中，加 0.5mL 缓冲溶液，混匀，此时 pH 值为 10.0 ± 0.2，加 1.0mL 4-氨基安替比林溶液，混匀，再加 1.0mL 铁氰化钾溶液，充分混匀后，密塞，放置 10min。

（2）吸光度测定 于 510nm 波长处，用光程为 30mm 的比色皿，以无酚水为参比，于 30min 内测定溶液的吸光度值。

（3）空白实验 用水代替试样，按照与水样相同步骤显色、测定其吸光度值。空白应与试样同时测定。

（4）标准曲线绘制 于一组 8 支 50mL 比色管中，分别加入 0.00mL、0.50mL、

1.00mL、3.00mL、5.00mL、7.00mL、10.00mL 和 12.50mL 酚标准中间液，加水至标线。按照与水样相同步骤蒸馏、显色测定其吸光度值。

2. 萃取分光光度法

（1）显色　将馏出液 250mL 移入分液漏斗中，加 2.0mL 缓冲溶液，混匀，pH 值为 10.0±0.2，加 1.5mL 4-氨基安替比林溶液，混匀，再加 1.5mL 铁氰化钾溶液，充分混匀后，密塞，放置 10min。

（2）萃取　在上述显色分液漏斗中准确加入 10.0mL 三氯甲烷，密塞，剧烈振摇 2min，倒置放气，静置分层。用干脱脂棉或滤纸拭干分液漏斗颈管内壁，于颈管内塞一小团干脱脂棉或滤纸，将三氯甲烷层通过干脱脂棉团或滤纸，弃去最初滤出的数滴萃取液后，将余下三氯甲烷直接放入光程为 30mm 的比色皿中。

（3）吸光度测定　于 460nm 波长处，以三氯甲烷为参比，测定三氯甲烷层的吸光度值。

（4）空白实验　用水代替试样，按照水样萃取分光光度相同步骤测定其吸光度值。空白应与试样同时测定。

（5）标准曲线绘制　于一组 8 个分液漏斗中，分别加入 100mL 水，依次加入 0.00mL、0.25mL、0.50mL、1.00mL、3.00mL、5.00mL、7.00mL 和 10.0mL 酚标准使用液，再分别加水至 250mL。按照水样萃取分光光度相同步骤测定其吸光度值。由标准系列测得的吸光度值减去零浓度管的吸光度值，绘制吸光度值对酚含量（mg）的曲线，标准曲线回归方程相关系数应达到 0.999 以上。

六、　结果处理

$$挥发性酚(以苯酚计,mg/L)\rho_P=\frac{A_s-A_b-a}{b\times V}$$

式中　A_s——水样的吸光度；

A_b——空白实验的吸光度；

a——标准曲线的截距；

b——标准曲线的斜率；

V——水样体积，mL。

七、　注意事项

① 水样中酚不稳定，易挥发和氧化，并受微生物的作用而损失，因此水样采集后应加氢氧化钠保存剂，并尽快测定。

② 氧化性、还原性物质、金属离子及芳香胺类化合物对测定有干扰作用，预蒸馏可除去大多数干扰物，但对污染严重的水样，蒸馏前要用下述方法消除干扰物。

a. 除氧化剂：加入碘化钾和酸后如游离出碘，说明有氧化剂的存在。这时可用过量的硫酸亚铁和亚砷酸钠除去。

b. 除硫化物：用磷酸调节水样，使 pH 为 4，搅拌曝气，除去二氧化碳及硫化氢。

c. 除油类：用浓氢氧化钠调节水样，使 pH 在 12～13，以四氯化碳提取油类，弃去有机相，加热蒸去水相中残余的四氯化碳。

③ 样品和标准溶液中加入缓冲溶液和 4-氨基安替比林后，要混匀才能加入铁氰化钾，否则结果偏低。

④ 当苯酚溶液呈红色时，需对苯酚精制。

实验十八　水中挥发性卤代烃的测定——顶空气相色谱法

挥发性卤代烃均有特殊的气味和毒性，可通过接触、呼吸道、饮用水的途径进入人体，对人的健康造成危害。在化工生产、医药加工、实验室工作中都在大量使用卤代烃类化合物，其产生的废水、废气会对地表水造成污染。测定水中挥发性卤代烃的方法主要有气相色谱法和气相色谱-质谱法。

一、实验目的

① 掌握顶空法测定挥发性物质的原理和实验技术。

② 掌握用气相色谱法测定卤代烃的原理和方法。

二、实验原理

将水样置于密封的顶空瓶中，在一定的温度下经一定时间的平衡，水中的挥发性卤代烃逸至上部空间，并在气液两相中达到动态的平衡。此时，挥发性卤代烃在气相中的浓度与它在液相中的浓度成正比。用带有电子捕获检测器（ECD）的气相色谱仪对气相中挥发性卤代烃的浓度进行测定，可计算出水样中挥发性卤代烃的浓度。

三、仪器

① 气相色谱仪：带电子捕获检测器（ECD）。

② 色谱柱：石英毛细管色谱柱，$60m \times 0.25mm \times 1.4\mu m$，固定相为6％氰丙基苯-94％二甲基硅氧烷。或其他等效毛细管柱。

③ 微量注射器：$10\mu L$、$50\mu L$、$100\mu L$、$250\mu L$。

④ 1mL气密性针。

⑤ 棕色样品瓶：1mL（具聚四氟乙烯衬垫和实芯螺旋盖）。

⑥ 顶空瓶：22mL，螺旋口或钳口顶空瓶，密封盖（螺旋盖或一次使用的压盖），密封垫（硅橡胶、丁基橡胶或氟橡胶材料）。

⑦ 顶空瓶压盖器。

⑧ 采样瓶：40mL，具聚四氟乙烯衬的硅橡胶垫的棕色螺口玻璃瓶或其他同类采样瓶。

⑨ 自动顶空进样器：温度控制范围在35～210℃，其他参数按仪器使用说明设置。

四、试剂

① 载气：高纯氮，纯度99.999％。

② 甲醇（CH_3OH）：色谱纯或优级纯。

③ 抗坏血酸。

④ 氯化钠（NaCl）：优级纯。在350℃下加热6h，除去吸附于表面的有机物，

冷却后于干净的试剂瓶中保存。

⑤ 挥发性卤代烃混合标准溶液（甲醇溶剂）：$\rho = 500\text{mg/L}$，组分为 1,1-二氯乙烯、氯丁二烯；$\rho = 2000\text{mg/L}$，组分为二氯甲烷、反式-1,2-二氯乙烯、顺式-1,2-二氯乙烯、1,2-二氯乙烷；$\rho = 100\text{mg/L}$，组分为二溴一氯甲烷、三溴甲烷；$\rho = 20.0\text{mg/L}$，组分为三氯甲烷、四氯化碳、三氯乙烯、一溴二氯甲烷、四氯乙烯、六氯丁二烯。开启后的标准溶液在冷冻、避光条件下密封保存，或参考生产商推荐的保存条件。

⑥ 挥发性卤代烃标准中间液：用 1mL 气密性针移取 $900\mu\text{L}$ 甲醇到样品瓶中，准确移取 $100\mu\text{L}$ 挥发性卤代烃混合标准溶液加入到样品瓶中，混匀密封，各组分浓度分别为标准溶液浓度的 1/10。标准中间液在冷冻、避光条件下密封保存，保存时间不超过 1 周。

五、 实验步骤

1. 水样的采集和保存

采样用 40mL 采样瓶。如果水样含有余氯，向采样瓶中加入 0.3～0.5g 抗坏血酸或硫代硫酸钠。采样时样品沿瓶壁注入，防止气泡产生，水样充满后不留液上空间，如从自来水或有抽水设备的出水管处取水时，应先平缓放水 5～10min。所有样品均采集平行样。水样采集后应立即放入 4℃ 左右冷藏箱内，送回实验室应尽快分析，如不能及时分析，可在 4℃ 左右冰箱中保存，样品存放区域无有机物干扰，7 天内完成样品分析。

每批样品要带一个全程序空白。采用与水样采集相同的装置及试剂，用实验用水充满顶空瓶，其他步骤同水样采集和保存方法。

2. 顶空进样器参考条件

顶空样品瓶加热温度：60℃；进样针温度：65℃；传输线温度：105℃；气相循环时间：根据气相色谱分析时间设定；样品瓶加热平衡时间：30min；压力平衡时间为 1min。

3. 色谱分析参考条件

气化室温度：220℃。

程序升温：40℃（保持 5min）$\xrightarrow{8℃/min}$ 100℃ $\xrightarrow{6℃/min}$ 200℃（保持 10min）。

检测器温度：320℃。

载气流速：1mL/min。

分流比：20∶1。

尾吹气：30mL/min。

4. 标准曲线的绘制

取 5 个顶空瓶，分别称取 3gNaCl 于各顶空瓶中，缓慢加入 10.0mL 水，再分别加入 $5\mu\text{L}$、$50\mu\text{L}$ 和 $100\mu\text{L}$ 的标准中间液及 $25\mu\text{L}$ 和 $50\mu\text{L}$ 的混合标准溶液，配制

成标准系列，浓度见表 3-7。

表 3-7　挥发性卤代烃标准系列溶液浓度值　　　　单位：μg/L

序号	目标物名称	标准溶液浓度/(mg/L)	浓度 1	浓度 2	浓度 3	浓度 4	浓度 5
1	1,1-二氯乙烯	500.00	25.00	250.00	500.00	1.25×10^3	2.50×10^3
2	二氯甲烷	2.00×10^3	100.00	1.00×10^3	2.00×10^3	5.00×10^3	10.00×10^3
3	反式-1,2-二氯乙烯	2.00×10^3	100.00	1.00×10^3	2.00×10^3	5.00×10^3	10.00×10^3
4	氯丁二烯	500.00	25.00	250.00	500.00	1.25×10^3	2.50×10^3
5	顺式-1,2-二氯乙烯	2.00×10^3	100.00	1.00×10^3	2.00×10^3	5.00×10^3	10.00×10^3
6	三氯甲烷	20.00	1.00	10.00	20.00	50.00	100.00
7	四氯化碳	20.00	1.00	10.00	20.00	50.00	100.00
8	1,2-二氯乙烷	2.00×10^3	100.00	1.00×10^3	2.00×10^3	5.00×10^3	10.00×10^3
9	三氯乙烯	20.00	1.00	10.00	20.00	50.00	100.00
10	二溴一氯甲烷	20.00	1.00	10.00	20.00	50.00	100.00
11	四氯乙烯	20.00	1.00	10.00	20.00	50.00	100.00
12	一溴二氯甲烷	100.00	5.00	50.00	100.00	250.00	500.00
13	三溴甲烷	100.00	5.00	50.00	100.00	250.00	500.00
14	六氯丁二烯	20.00	1.00	10.00	20.00	50.00	100.00

用气相色谱仪测定浓度 1 系列 14 种挥发性卤代烃的混合标准溶液，标准色谱图见图 3-1。系列浓度的挥发性卤代烃标准溶液的峰高或峰面积，以各种挥发性卤

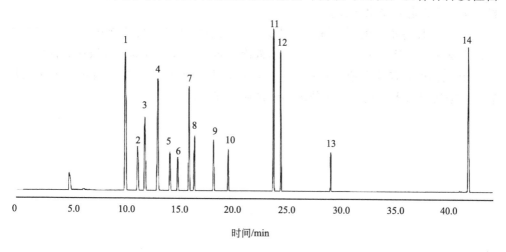

图 3-1　14 种挥发性卤代烃标准色谱图

1—1,1-二氯乙烯；2—二氯甲烷；3—反式-1,2-二氯乙烯；4—氯丁二烯；5—顺式-1,2-二氯乙烯；
6—三氯甲烷；7—四氯化碳；8—1,2-二氯乙烷；9—三氯乙烯；10——溴二氯甲烷；11—四氯乙烯；
12—二溴一氯甲烷；13—三溴甲烷；14—六氯丁二烯

代烃的含量（$\mu g/L$）对应其峰高或峰面积绘制标准曲线。标准曲线的线性回归系数至少为 0.995。

5. 水样测定

向 22mL 顶空瓶中加入 3g NaCl，取 10.0mL 水样缓慢加入顶空瓶中，立即加盖密封。置于顶空进样器的样品盘中，设置顶空进样器和气相色谱分析条件，启动顶空进样器和气相色谱系统，以保留时间进行定性分析、以峰高或峰面积进行定量分析。根据目标物的峰面积，由标准曲线得到样品溶液中目标物的浓度。

当样品浓度超出标准曲线线性范围时，将样品稀释至标准曲线线性范围内再测定。

6. 空白实验

以实验用水代替水样，按照与测定水样相同步骤进行测定。

六、 结果处理

样品中待测组分的质量浓度按下式进行计算：

$$\rho = \frac{\rho_i}{V} \times 10$$

式中　ρ——样品中待测目标化合物 i 的质量浓度，$\mu g/L$；

　　　ρ_i——从标准曲线上查得样品中目标化合物 i 的质量浓度，$\mu g/L$；

　　　V——水样体积，mL。

七、 注意事项

① 高浓度样品与低浓度样品交替分析会造成干扰，当分析高浓度样品后应分析一个空白以防止交叉污染。

② 顶空瓶可重复使用。洗涤方法为：用洗涤剂洗净，再依次用自来水和蒸馏水多次淋洗，最后在 105℃烘 1h，取出放冷，置于无有机试剂的区域存放备用。

③ 密封垫在使用前应清洗并烘干，但烘箱温度要低于 60℃。清洗后的密封垫放入洁净的铝箔密封袋或干净的玻璃试剂瓶中保存。

实验十九　水中挥发性有机物（VOCs）的测定——吹扫捕集/气相色谱-质谱法

根据世界卫生组织（WHO）的定义，凡在标准状况（273K，101.325kPa）下，饱和蒸气压大于 0.13kPa 的有机物为挥发性有机物（VOCs）。许多 VOCs 是重要的化工原料、中间体和有机溶剂，广泛应用于化工、医药、农药、制革等行业，如三氯乙烯、四氯乙烯多用于干洗行业和金属清洗操作。多数 VOCs 具有毒性。我国许多城市的水源水、饮用水中都检测到了 VOCs 的存在。主要测定方法有气相色谱法和气相色谱-质谱法。

一、实验目的

① 了解气相色谱-质谱联用仪的原理和仪器使用方法。

② 掌握用气相色谱-质谱法测定挥发性有机物的原理和方法。

二、实验原理

水样中的挥发性有机物经高纯氦气（或氮气）吹扫后吸附于捕集管中，将捕集管加热并以高纯氦气反吹，被热脱附出来的组分经气相色谱分离后，用质谱仪进行检测。通过与待测目标化合物保留时间和标准质谱图或特征离子相比较进行定性，内标法定量。

三、仪器

① 气相色谱-质谱仪：色谱部分具分流/不分流进样口，可程序升温。质谱部分具 70eV 的电子轰击（EI）电离源，具 NIST 质谱图库、手动/自动调谐、数据采集、定量分析及谱库检索等功能。

② 吹扫捕集装置：吹扫装置能直接连接到色谱部分，并能自动启动色谱，应带有 5mL 的吹扫管。捕集管使用 1/3Tenax、1/3 硅胶、1/3 活性炭混合吸附剂或其他等效吸附剂，但必须满足相关的质量控制要求。

③ 毛细管柱：30m×0.25mm×1.4μm（膜厚）（6％腈丙苯基/94％二甲基聚硅氧烷固定液），或使用其他等效毛细管柱。

④ 气密性注射器：5mL。

⑤ 微量注射器：5μL、10μL、25μL、50μL、250μL 和 500μL。

⑥ 样品瓶：40mL 棕色玻璃瓶，具硅橡胶-聚四氟乙烯衬垫螺旋盖。

⑦ 棕色玻璃瓶：2mL，具聚四氟乙烯-硅胶衬垫和实芯螺旋盖。

⑧ 容量瓶：A 级，25mL。

四、试剂

① 甲醇（CH_3OH）：使用前需通过检验，确认无目标化合物或目标化合物浓度低于方法检出限。

②（1+1）盐酸溶液。

③ 抗坏血酸（$C_6H_8O_6$）。

④ 标准贮备液：$\rho = 200 \sim 2000\mu g/mL$。可直接购买市售有证标准溶液，或用高浓度标准溶液配制。

⑤ 标准中间液：$\rho = 5 \sim 25\mu g/mL$。用甲醇稀释标准贮备液，保存时间为 1 个月。

⑥ 内标标准溶液：$\rho = 25\mu g/mL$。宜选用氟苯和 1, 4-二氯苯-d_4 作为内标，可直接购买市售有证标准溶液，或用高浓度标准溶液配制。

⑦ 替代物标准溶液：$\rho = 25\mu g/mL$。宜选用二溴氟甲烷、甲苯-d_8 和 4-溴氟苯作为替代物，可直接购买市售有证标准溶液，或用高浓度标准溶液配制。

⑧ 4-溴氟苯（BFB）溶液：$\rho = 25\mu g/mL$。可直接购买市售有证标准溶液，也可用高浓度标准溶液配制。

⑨ 氦气：纯度≥99.999%。

⑩ 氮气：纯度≥99.999%。

注：以上所有标准溶液均用甲醇作为溶剂，在 4℃ 下避光保存或参照制造商的产品说明保存。使用前应恢复至室温、混匀。

五、实验步骤

1. 样品的采集和保存

所有水样应采用硬质玻璃瓶，采集平行双样，每批样品应带一个全程序空白和一个运输空白。采集样品时，应使水样在样品瓶中溢流而不留空间。取样时应尽量避免或减少样品在空气中暴露。

采样前，需要向每个样品瓶中加入抗坏血酸，每 40mL 样品需加入 25mg 的抗坏血酸。如果水样中总余氯的量超 5mg/L，应先测定总余氯后，再确定抗坏血酸的加入量。在 40mL 样品瓶中，总余氯每超过 5mg/L，需多加 25mg 的抗坏血酸。采样时，水样呈中性时向每个样品瓶中加入 0.5mL(1+1) 盐酸溶液，拧紧瓶盖；水样呈碱性时应加入适量盐酸溶液使水样 pH≤2。样品采集后冷藏运输，运回实验室后应立即放入冰箱中，在 4℃ 以下保存，14d 内分析完毕。

2. 仪器参考条件

（1）吹扫捕集参考条件　吹扫温度：室温或恒温；吹扫流速：40mL/min；吹扫时间：11min；干吹扫时间：1min；预脱附温度：180℃；脱附温度：190℃；脱附时间：2min；烘烤温度：200℃；烘烤时间：6min。其余参数参照仪器使用说明书进行设定。

（2）气相色谱参考条件 进样口温度：220℃；进样方式：分流进样（分流比 30∶1）；程序升温：35℃（保持 2min）$\xrightarrow{5℃/min}$ 120℃ $\xrightarrow{10℃/min}$ 220℃（保持 2min）；载气：氦气流量 1.0mL/min。

（3）质谱参考条件 离子源：EI 源；离子源温度：230℃；离子化能量：70eV；扫描方式：全扫描或选择离子扫描（SIM）。扫描范围：m/z 35～270amu；溶剂延迟：2.0min；电子倍增电压：与调谐电压一致；接口温度：280℃。其余参数参照仪器使用说明书进行设定。

（4）仪器性能检查 在每天分析之前，GC/MS 系统必须进行仪器性能检查。吸取 2μL 的 4-溴氟苯（BFB）溶液通过 GC 进样口直接进样或加入到 5mL 空白试剂水中，然后通过吹扫捕集装置进样，用 GC/MS 进行分析。GC/MS 系统得到的 BFB 关键离子丰度应满足响应规定的标准，否则需对质谱仪的一些参数进行调整或清洗离子源。

3. 标准曲线的绘制

使用全扫描方式：分别移取一定量的标准中间液和替代物标准溶液快速加到装有空白试剂水的 25mL 容量瓶中，并定容至刻度，将容量瓶垂直振摇三次，混合均匀，配制目标化合物和替代物的浓度分别为 5.00μg/L、20.0μg/L、50.0μg/L、100μg/L、200μg/L 的标准系列。然后用 5mL 的气密性注射器吸取标准溶液 5.0mL，加入 10.0μL 的内标标准溶液，按照仪器参考条件，从低浓度到高浓度依次测定，记录标准系列目标化合物和相对应内标的保留时间、定量离子的响应值。

使用 SIM 方式：分别移取一定量的标准中间液和替代物标准溶液快速加到装有空白试剂水的 25mL 容量瓶中，并定容至刻度，将容量瓶垂直振摇三次，混合均匀，配制目标化合物和替代物的浓度分别为 1.0μg/L、4.0μg/L、10.0μg/L、20.0μg/L、40.0μg/L 标准系列。然后用 5mL 的气密性注射器吸取标准溶液 5.0mL，加入 2.0μL 的内标标准溶液，按照仪器参考条件，从低浓度到高浓度依次测定，记录标准系列目标化合物和相对应内标的保留时间、定量离子的响应值。

以目标化合物和相对应内标的响应值比为纵坐标，浓度为横坐标，用最小二乘法建立标准曲线。

4. 水样的测定

使用全扫描方式进行测定：将样品瓶恢复至室温后，用气密性注射器吸取 5.0mL 样品，向样品中分别加入 10.0μL 的内标标准溶液和替代物标准溶液，使样品中内标和替代物浓度均为 50μg/L，将样品快速注入吹扫管中，按照仪器参考条件，使用标准曲线进行测定。有自动进样器的吹扫捕集仪可参照仪器说明进行操作。

使用 SIM 方式进行测定：将样品瓶恢复至室温后，用气密性注射器吸取 5.0mL 样品，向样品中分别加入 2.0μL 的内标标准溶液和替代物标准溶液，使样品中内标和替代物浓度均为 $10\mu g/L$，将样品快速注入吹扫管中，按照仪器参考条件，使用标准曲线进行测定。有自动进样器的吹扫捕集仪可参照仪器说明进行操作。

5. 空白实验

用气密性注射器吸取 5.0mL 空白试剂水，向空白试剂水中分别加入 $10.0\mu L$ 的内标标准溶液和替代物标准溶液，使空白试剂水中内标和替代物浓度均为 $50\mu g/L$（使用 SIM 方式时，内标和替代物浓度应为 $10\mu g/L$），将空白试剂水快速注入吹扫管中，按照仪器参考条件进行测定。有自动进样器的吹扫捕集仪可参照仪器说明进行操作。

六、结果处理

1. 目标化合物的定性分析

对于每一个目标化合物，应使用标准溶液或通过标准曲线经过多次进样建立保留时间窗口，保留时间窗口为±3 倍的保留时间标准偏差，样品中目标化合物的保留时间应在保留时间的窗口内。

对于全扫描方式，目标化合物在标准质谱图中的丰度高于 30％ 的所有离子应在样品质谱图中存在，而且样品质谱图中的相对丰度与标准质谱图中的相对丰度的绝对值偏差应小于 20％。如果实际样品存在明显的背景干扰，则在比较时应扣除背景影响。

对于 SIM 方式，目标化合物的确认离子应在样品中存在。对于落在保留时间窗口中的每一个化合物，样品中确认离子相对于定量离子的相对丰度与通过最近标准标准获得的相对丰度的绝对值偏差应小于 20％。

2. 目标化合物的定量分析

目标化合物经定性鉴别后，根据定量离子的峰面积或峰高，用内标法计算。当样品中目标化合物的定量离子有干扰时，允许使用辅助离子定量。具体内标及定量离子见表 3-8。目标化合物的总离子流色谱图见图 3-2。目标化合物采用线性或非线性标准曲线进行校准时，目标化合物质量浓度 ρ_i 通过相应的标准曲线方程进行计算。

表 3-8　目标化合物的定量离子、辅助离子、方法检出限和测定下限

出峰顺序	目标物名称	定量内标	定量离子 (m/z)	辅助离子	全扫描方式		SIM方式	
					检出限 /($\mu g/L$)	测定下限 /($\mu g/L$)	检出限 /($\mu g/L$)	测定下限 /($\mu g/L$)
1	氯乙烯	1	62	64	1.5	6.0	0.5	2.0
2	1,1-二氯乙烯	1	96	61,63	1.2	4.8	0.4	1.6
3	二氯甲烷	1	84	86,49	1.0	4.0	0.5	2.0
4	反式-1,2 二氯乙烯	1	96	61,98	1.1	4.4	0.3	1.2

续表

出峰顺序	目标物名称	定量内标	定量离子 (m/z)	辅助离子	全扫描方式		SIM 方式	
					检出限 /(μg/L)	测定下限 /(μg/L)	检出限 /(μg/L)	测定下限 /(μg/L)
5	1,1-二氯乙烷	1	63	65,83	1.2	4.8	0.4	1.6
6	氯丁二烯	1	53	88	1.5	6.0	0.5	2.0
7	顺式-1,2-二氯乙烯	1	96	61,98	1.2	4.8	0.4	1.6
8	2,2-二氯丙烷	1	77	41,97	1.5	6.0	0.5	2.0
9	溴氯甲烷	1	128	49,130	1.4	5.6	0.5	2.0
10	氯仿	1	83	85,47	1.4	5.6	0.4	1.6
11	二溴氟甲烷	1	113	111,192	—	—	—	—
12	1,1,1-三氯乙烷	1	97	99,61	1.4	5.6	0.4	1.6
13	1,1-二氯丙烯	1	75	110,77	1.2	4.8	0.3	1.2
14	四氯化碳	1	117	119,121	1.5	6.0	0.4	1.6
15	苯	1	78	77,51	1.4	5.6	0.4	1.6
16	1,2-二氯乙烷	1	62	64,98	1.4	5.6	0.4	1.6
17	氟苯	—	96	77	—	—	—	—
18	三氯乙烯	1	95	130,132	1.2	4.8	0.4	0.6
19	环氧氯丙烷	1	57	49	5.0	20	2.3	9.2
20	1,2-二氯丙烷	1	63	42,112	1.2	4.8	0.4	1.6
21	二溴甲烷	1	93	95,174	1.5	6.0	0.3	1.2
22	一溴二氯甲烷	1	83	85,127	1.3	5.2	0.4	1.6
23	顺-1,3-二氯丙烷	1	75	39,77	1.4	5.6	0.4	1.2
24	甲苯-d8	1	98	100	—	—	—	—
25	甲苯	1	91	92	1.4	5.6	0.3	1.2
26	反-1,3-二氯丙烯	1	75	39,77	1.4	5.6	0.3	1.2
27	1,1,2-三氯乙烷	1	83	97,85	1.5	6.0	0.4	1.6
28	四氯乙烯	1	166	168,129	1.2	4.8	0.2	0.8
29	1,3-二氯丙烷	1	76	41,78	1.5	5.6	0.4	1.6
30	二溴氯甲烷	1	129	127,131	1.2	4.8	0.4	1.6
31	1,2-二溴乙烷	1	107	109,188	1.2	4.8	0.4	1.6
32	氯苯	2	112	77,114	1.0	4.0	0.2	0.8
33	1,1,1,2-四氯乙烷	2	131	133,119	1.5	6.0	0.3	1.2
34	乙苯	2	91	106	0.8	3.2	0.3	1.2
35 36	间,对-二甲苯	2	106	91	2.2	8.8	0.5	2.0

续表

出峰顺序	目标物名称	定量内标	定量离子 (m/z)	辅助离子	全扫描方式		SIM 方式	
					检出限 /(μg/L)	测定下限 /(μg/L)	检出限 /(μg/L)	测定下限 /(μg/L)
37	邻-二甲苯	2	106	91	1.4	5.6	0.2	0.8
38	苯乙烯	2	104	78,103	0.6	2.4	0.2	0.8
39	溴仿	2	173	175,254	0.6	2.4	0.5	2.0
40	异丙苯	2	105	120	0.7	2.8	0.3	1.2
41	4-溴氟苯	2	95	174,176	—	—	—	—
42	1,1,2,2-四氯乙烷	2	83	131,85	1.1	4.4	0.4	1.6
43	溴苯	2	156	77,158	0.8	3.2	0.4	1.6
44	1,2,3-三氯丙烷	2	75	110,77	1.2	4.8	0.2	0.8
45	正丙苯	2	91	120	0.8	3.2	0.2	0.8
46	2-氯甲苯	2	91	126	1.0	4.0	0.4	1.6
47	1,3,5-三甲基苯	2	105	120	0.7	2.8	0.3	1.2
48	4-氯甲苯	2	91	126	0.9	3.6	0.3	1.2
49	叔丁基苯	2	119	91,134	1.2	4.8	0.4	1.6
50	1,2,4-三甲基苯	2	105	120	0.8	3.2	0.3	1.2
51	仲丁基苯	2	105	134	1.0	4.0	0.3	1.2
52	1,3-二氯苯	2	146	111,148	1.2	4.8	0.3	1.2
53	4-异丙基甲苯	2	119	134,91	0.8	3.2	0.3	1.2
54	1,4-二氯苯-d_4	—	152	115,150	—	—	—	—
55	1,4-二氯苯	2	146	111,148	0.8	3.2	0.4	1.6
56	正丁基苯	2	91	92,134	1.0	4.0	0.3	1.2
57	1,2-二氯苯	2	146	111,148	0.8	3.2	0.4	1.6
58	1,2-二溴-3-氯丙烷	2	157	75,155	1.0	4.0	0.3	1.2
59	1,2,4-三氯苯	2	180	182,145	1.1	4.4	0.3	1.2
60	六氯丁二烯	2	225	223,227	0.6	2.4	0.4	1.6
61	萘	2	128	129,127	1.0	4.0	0.4	1.6
62	1,2,3-三氯苯	2	180	182,145	1.0	4.0	0.5	2.0

注：出峰顺序11二溴氟甲烷为替代物；24甲苯-d_8为替代物；414-溴氟苯为替代物；17氟苯为内标1；54 1,4-二氯苯-d_4为内标2；其他物质为目标化合物。

七、注意事项

① 样品瓶应在采样前用甲醇清洗，采样时不需用样品进行荡洗。

② 用空白试剂水配制的标准溶液不稳定，因此需现用现配。

③ 对于极易挥发的目标化合物（如氯乙烯等）应使用气密性注射器进行溶液

配制。分别移取一定量的标准中间液和替代物标准溶液直接加入装有 5mL 空白试剂水的气密性注射器中，再加入 2.0μL 的内标标准溶液配成所需的浓度。

④ 吹扫装置在每次开机后和关机前应进行烘烤，确保系统无污染。

⑤ SIM 方式只适用于含量较低的清洁水或使用全扫描方式灵敏度达不到相应标准要求的样品。

⑥ 若样品中的待测物浓度超过曲线最高点时，则需取适量样品在容量瓶中稀释后立即测定。

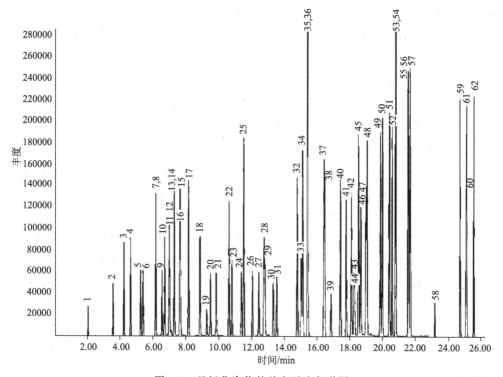

图 3-2 目标化合物的总离子流色谱图

1—氯乙烯；2—1,1-二氯乙烯；3—二氯甲烷；4—反式-1,2-二氯乙烯；5—1,1-二氯乙烷；6—氯丁二烯；7—顺式-1,2-二氯乙烯；8—2,2-二氯丙烷；9—溴甲烷；10—氯仿；11—二溴氟甲烷（替代物）；12—1,1,1-三氯乙烷；13—1,1-二氯丙烯；14—四氯化碳；15—苯；16—1,2-二氯乙烷；17—氟苯（内标）；18—三氯乙烯；19—1,2-二氯丙烷；20—二溴甲烷；21——溴二氯甲烷；22—环氧氯丙烷；23—顺式-1,3-二氯丙烯；24—甲苯-d$_8$（替代物）；25—甲苯；26—反式-1,3-二氯丙烯；27—1,1,2-三氯乙烷；28—四氯乙烯；29—1,3-二氯丙烷；30—二溴氯甲烷；31—1,2-二溴乙烷；32—氯苯；33—1,1,1,2-四氯乙烷；34—乙苯；35—间-二甲苯；36—对-二甲苯；37—邻-二甲苯；38—苯乙烯；39—溴仿；40—异丙苯；41—4-溴氟苯（替代物）；42—溴苯；43—1,1,2,2-四氯乙烷；44—1,2,3-三氯丙烷；45—正丙苯；46—2-氯甲苯；47—4-氯甲苯；48—1,3,5-三甲基苯；49—叔丁基苯；50—1,2,4-三甲基苯；51—仲丁基苯；52—1,3-二氯苯；53—4-异丙基苯；54—1,4-二氯苯；55—1,4-二氯苯-d$_4$（内标）；56—1,2-二氯苯；57—正丁基苯；58—1,2-二溴-3-氯丙烷；59—1,2,4-三氯苯；60—六氯丁二烯；61—萘；62—1,2,3-三氯苯

实验二十　水中多环芳烃的测定——高效液相色谱法

多环芳烃（PAHs）是由两个或两个以上的苯环以线性排列、弯接或簇聚的方式构成的一类有机污染物。这一类物质由于高毒性、低流动性和难降解性，使其在环境保护领域备受关注。1976 年美国环保署提出的 129 种"优先污染物"中，多环芳烃化合物有 16 种，我国的各大水系中都多环芳烃检出的报道。测定多环芳烃的主要方法有高效液相色谱法、气相色谱、气相色谱-质谱法和荧光光谱法等。

一、　实验目的

① 了解高效液相色谱仪的原理和仪器使用方法。

② 掌握用高效液相色谱法测定多环芳烃的原理和方法。

③ 掌握水样中多环芳烃样品的前处理方法。

二、　实验原理

液液萃取法：用正己烷或二氯甲烷萃取水样中多环芳烃（PAHs），萃取液经硅胶或弗罗里硅土柱净化，用二氯甲烷和正己烷的混合溶剂洗脱，洗脱液浓缩后，用具有荧光/紫外检测器的高效液相色谱仪分离检测。

固相萃取法：采用固相萃取技术富集水样中多环芳烃（PAHs），用二氯甲烷洗脱，洗脱液浓缩后，用具有荧光/紫外检测器的高效液相色谱仪分离检测。

三、　仪器

① 液相色谱仪（HPLC）：具有可调波长紫外检测器或荧光检测器和梯度洗脱功能。

② 色谱柱：填料为 $5\mu m$ ODS，柱长 25cm，内径 4.6mm 的反相色谱柱或其他性能相近的色谱柱。

③ 采样瓶：1L 或 2L 具磨口塞的棕色玻璃细口瓶。

④ 分液漏斗：2000mL，聚四氟乙烯活塞。

⑤ 浓缩装置：旋转蒸发装置或 K-D 浓缩器、浓缩仪等性能相当的设备。

⑥ 液液萃取净化装置。

⑦ 自动固相萃取仪或固相萃取装置：固相萃取装置由固相萃取柱、分液漏斗、抽滤瓶和泵组成，见图 3-3。

⑧ 干燥柱：长 250mm，内径 10mm，玻璃活塞不涂润滑油或聚四氟乙烯活塞的玻璃柱。在柱的下端，放入少量玻璃棉或玻璃纤维滤纸，加入 10g 无水硫酸钠。

四、　试剂

① 乙腈（CH_3CN）：液相色谱纯。

② 甲醇（CH₃OH）：液相色谱纯。

③ 二氯甲烷（CH₂Cl₂）：液相色谱纯。

④ 正己烷（C₆H₁₄）：液相色谱纯。

⑤ 硫代硫酸钠（Na₂S₂O₃·5H₂O）。

⑥ 无水硫酸钠（Na₂SO₄）：在 400℃下烘烤 2h，冷却后，贮于磨口玻璃瓶中密封保存。

⑦ 氯化钠（NaCl）：在 400℃下烘烤 2h，冷却后，贮于磨口玻璃瓶中密封保存。

⑧ 多环芳烃标准贮备液：$\rho = 200\mu g/mL$。质量浓度为 $200\mu g/mL$ 含十六种多环芳烃的乙腈溶液，包括萘、苊、二氢苊、芴、菲、蒽、荧蒽、芘、䓛、苯并[a]蒽、苯并[b]荧蒽、苯并[k]荧蒽、苯并[a]芘、茚并[1,2,3-c,d]芘、二苯并[a,h]蒽、苯并[g,h,i]菲。贮备液于 4℃以下冷藏。

⑨ 多环芳烃标准使用液：$\rho = 20.0\mu g/mL$。取 1.0mL 多环芳烃标准贮备液于 10mL 容量瓶中，用乙腈稀释至刻度，在 4℃以下冷藏。

⑩ 十氟联苯（Decafluorobiphenyl）：样品萃取前加入，用于跟踪样品前处理的回收率。

⑪ 十氟联苯标准贮备溶液：$\rho = 1000\mu g/mL$。称取十氟联苯 0.025g，准确到 1mg，于 25mL 容量瓶中，用乙腈溶解并稀释至刻度，在 4℃以下冷藏。

⑫ 十氟联苯标准使用溶液：$\rho = 40.0\mu g/mL$。取 1.0mL 十氟联苯标准贮备溶液于 25mL 容量瓶中，用乙腈稀释至刻度，在 4℃以下冷藏。

⑬ 淋洗液：（1+1）二氯甲烷/正己烷混合溶液（体积分数）。

⑭ 硅胶柱：1000mg/6.0mL。

⑮ 弗罗里硅土柱：1000mg/6.0mL。

⑯ 固相萃取柱：C₁₈，1000mg/6.0mL，或固相萃取圆盘等具有同等萃取性能的物品。

⑰ 玻璃棉或玻璃纤维滤纸：在 400℃加热 1h，冷却后，贮于磨口玻璃瓶中密封保存。

⑱ 氮气：纯度≥99.999%，用于样品的干燥浓缩。

五、实验步骤

1. 样品的采集和保存

样品必须采集在预先洗净烘干的棕色玻璃细口采样瓶中，采样前不能用水样预洗采样瓶，以防止样品的沾染或吸附。采样瓶要完全注满，不留气泡。若水中有残余氯存在，要在每升水中加入 80mg 硫代硫酸钠除氯。样品采集后应避光于 4℃以下冷藏，在 7d 内萃取，萃取后的样品应避光于 4℃以下冷藏，在 40d 分析完毕。

2. 样品预处理

（1）液液萃取 萃取：摇匀水样，量取 1000mL 水样（萃取所用水样体积根据水质情况可适当增减），倒入 2000mL 的分液漏斗中，加入 50μL 浓度为 40μg/mL 十氟联苯标准使用溶液，加入 30g 氯化钠，再加入 50mL 二氯甲烷或正己烷，振摇 5min，静置分层，收集有机相，放入 250mL 接收瓶中，重复萃取两遍，合并有机相，加入无水硫酸钠至有流动的无水硫酸钠存在。放置 30min，脱水干燥。

浓缩：用浓缩装置把萃取液浓缩至 1mL，待净化。如萃取液为二氯甲烷，浓缩至 1mL，加入适量正己烷至 5mL，重复此浓缩过程 3 次，最后浓缩至 1mL，待净化。

净化：用 1g 硅胶柱或弗罗里硅土柱作为净化柱，将其固定在液液萃取净化装置上。先用 4mL 淋洗液冲洗净化柱，再用 10mL 正己烷平衡净化柱（当 2mL 正己烷流过净化柱后，关闭活塞，使正己烷在柱中停留 5min）。将浓缩后的样品溶液加到柱上，再用约 3mL 正己烷分 3 次洗涤装样品的容器，将洗涤液一并加到柱上，弃去流出的溶剂。被测定的样品吸附于柱上，用 10mL（1+1）二氯甲烷/正己烷洗涤吸附有样品的净化柱，收集洗脱液于浓缩瓶中（当 2mL 洗脱液流过净化柱后关闭活塞，让洗脱液在柱中停留 5min）。浓缩至 0.5～1.0mL，加入 3mL 乙腈，再浓缩至 0.5mL 以下，最后准确定容到 0.5mL 待测。对于饮用水和地下水的萃取液可不经过柱净化，转换溶剂至 0.5mL 直接进行 HPLC 分析。

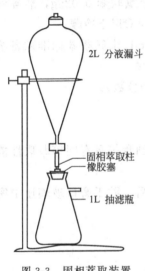

2L 分液漏斗

固相萃取柱
橡胶塞

1L 抽滤瓶

图 3-3　固相萃取装置
（萃取部分）示意图

（2）固相萃取　将固相萃取 C_{18} 柱安装在自动固相萃取仪上，或按图 3-3 连接好固相萃取装置。

活化柱子：先用 10mL 二氯甲烷预洗 C_{18} 柱，使溶剂流净。接着用 10mL 甲醇分两次活化 C_{18} 柱，再用 10mL 水分两次活化 C_{18} 柱，在活化过程中，不要让柱子流干。

样品的富集：在 1000mL 水样（富集所用水样体积根据水质情况可适当增减）中加入 5g 氯化钠和 10mL 甲醇，加入 50mL 浓度为 40μg/mL 十氟联苯标准使用溶液，混合均匀后以 5mL/min 的流速流过已活化好的 C_{18} 柱。

干燥：用 10mL 水冲洗 C_{18} 柱后，真空抽滤 10min 或用高纯氮气吹 C_{18} 柱 10min，使柱干燥。

洗脱：用 5mL 二氯甲烷洗脱浸泡 C_{18} 柱，停留 5min 后，再用 5mL 二氯甲烷以 2mL/min 的速度洗脱 C_{18} 柱，收集洗脱液。

脱水：先用 10mL 二氯甲烷预洗干燥柱，加入洗脱液后，再加 2mL 二氯甲烷洗柱，用浓缩瓶收集流出液。浓缩至 0.5～1.0mL，加入 3mL 乙腈，再浓缩至 0.5mL 以下，最后准确定容到 0.5mL 待测。

3. 色谱条件

（1）色谱条件梯度洗脱程序　65％乙腈＋35％水，保持27min；以2.5％乙腈/min的增量至100％乙腈，保持至出峰完毕。流动相流量：1.2mL/min。或梯度洗脱程序：80％甲醇＋20％水，保持20min；以1.2％甲醇/min的增量至95％甲醇＋5％水，保持至出峰完毕。流动相流量：1.0mL/min。

（2）检测器　紫外检测器的波长：254nm、220nm和295nm；荧光检测器的波长：激发波长λ_{ex}为280nm，发射波长λ_{em}为340nm。20min后λ_{ex}为300nm，λ_{em}为400nm、430nm和500nm。

4. 标准曲线的绘制

取一定量多环芳烃标准使用液和十氟联苯标准使用液于乙腈中，制备至少5个浓度点的标准系列，多环芳烃质量浓度分别为0.1μg/mL、0.5μg/mL、1.0μg/mL、5.0μg/mL、10.0μg/mL，贮存在棕色小瓶中，于冷暗处存放。通过自动进样器或样品定量环分别移取每种浓度的标准使用液10μL，注入液相色谱仪，得到各不同浓度的多环芳烃的色谱图（见图3-4）。以峰高或峰面积为纵坐标，浓度为横坐标，绘制标准曲线。标准曲线的相关系数＞0.999，否则重新绘制标准曲线。

不同填料的色谱柱，化合物出峰的顺序有所不同。

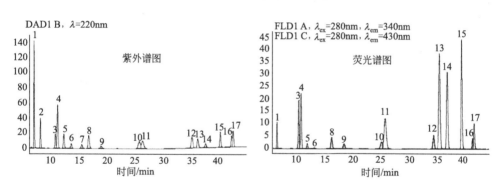

图3-4　16种多环芳烃标样的紫外谱图和荧光谱图

1—萘；2—苊；3—芴；4—二氢苊；5—菲；6—蒽；7—十氟联苯；8—荧蒽；9—芘；
10—䓛；11—苯并[a]蒽；12—苯并[b]荧蒽；13—苯并[k]荧蒽；14—苯并[a]芘；
15—二苯并[a,h]蒽；16—苯并[g,h,i]苝；17—茚并[1,2,3-c,d]芘

5. 样品的测定

取10μL待测样品注入高效液相色谱仪中。记录色谱峰的保留时间和峰高（或峰面积）。

6. 空白实验

在分析样品的同时，应做空白实验，即用蒸馏水代替水样，按与样品测定相同步骤分析，检查分析过程中是否有污染。

六、 结果处理

按下式计算样品中多环芳烃的质量浓度：

$$\rho_i = \frac{\rho_{xi} V_1}{V}$$

式中　　ρ_i——样品中组分 i 的质量浓度，$\mu g/L$；

　　　　ρ_{xi}——从标准曲线中查得组分 i 的质量浓度，mg/L；

　　　　V_1——萃取液浓缩后的体积，μL；

　　　　V——水样体积，mL。

七、 注意事项

① 在萃取过程中出现乳化现象时，可采用搅动、离心、用玻璃棉过滤等方法破乳，也可采用冷冻的方法破乳。

② 在样品分析时，若预处理过程中溶剂转换不完全（即有残存正己烷或二氯甲烷），会出现保留时间漂移、峰变宽或双峰的现象。

③ 质量控制和质量保证：每批试剂均应分析试剂空白；每分析一批样品至少做一个空白实验；各组分的回收率在 60%~120%；十氟联苯的回收率在50%~130%。

第四章 空气和废气监测实验

实验一 二氧化硫的测定——甲醛吸收-副玫瑰苯胺分光光度法

二氧化硫（SO_2）是主要大气污染物之一，为空气环境污染例行监测的必测项目。它来源于煤和石油等燃料的燃烧、含硫矿石的冶炼、硫酸等化工产品生产排放的废气。SO_2是一种无色、易溶于水、有刺激性气味的气体，能通过呼吸进入气管，对局部组织产生刺激和腐蚀作用，是诱发支气管炎等疾病的原因之一，特别是当它与烟尘等气溶胶共存时，可加重对呼吸道黏膜的损害。测定SO_2常用的方法有分光光度法、紫外荧光法、电导法和气相色谱法等。

一、实验目的

① 掌握甲醛吸收-副玫瑰苯胺分光光度法测定空气中二氧化硫的原理和操作技术。

② 了解空气采样器的结构和使用方法。

二、实验原理

二氧化硫被甲醛缓冲溶液吸收后，生成稳定的羟甲基磺酸加成化合物，在样品溶液中加入氢氧化钠使加成化合物分解，释放出的二氧化硫与副玫瑰苯胺、甲醛反应，生成紫红色化合物，在波长577nm处测量吸光度。

实验中主要干扰物为氮氧化物、臭氧及某些重金属元素。采样后放置一段时间可使臭氧自行分解；加入氨基磺酸钠溶液可消除氮氧化物的干扰；吸收液中加入磷酸及环己二胺四乙酸二钠盐可以消除或减少某些金属离子的干扰。10mL样品溶液中含有50mg钙、镁、铁、镍、镉、铜等金属离子及5mg二价锰离子时，对本方法测定不产生干扰。当10mL样品溶液中含有10mg二价锰离子时，可使样品的吸光度降低27％。

三、仪器

① 分光光度计：配10mm比色皿。

② 多孔玻板吸收管：10mL多孔玻板吸收管，用于短时间采样；50mL多孔玻板吸收管，用于24h连续采样。

③ 恒温水浴：0～40℃，控制精度为±1℃。

④ 具塞比色管：10mL。

⑤ 空气采样器：用于短时间采样的普通空气采样器，流量范围 $0.1\sim1L/min$，应具有保温装置。用于 24h 连续采样的采样器应具备有恒温、恒流、计时、自动控制开关的功能，流量范围 $0.1\sim0.5L/min$。

四、试剂

① 碘酸钾（KIO_3）：优级纯，经 110℃ 干燥 2h。

② 氢氧化钠溶液：$c(NaOH)=1.5mol/L$。称取 6.0gNaOH，溶于 100mL 水中。

③ 环己二胺四乙酸二钠溶液：$c(CDTA-2Na)=0.05mol/L$。称取 1.82g 反式 1,2-环己二胺四乙酸 [（trans-1,2-cyclohexylen edinitrilo) tetraacetic acid，CDTA-2Na]，加入氢氧化钠溶液（$c=1.5mol/L$）6.5mL，用水稀释至 100mL。

④ 甲醛缓冲吸收贮备液：吸取 36%～38% 的甲醛溶液 5.5mL，CDTA-2Na 溶液（$c=0.05mol/L$）20.00mL；称取 2.04g 邻苯二甲酸氢钾，溶于少量水中；将三种溶液合并，再用水稀释至 100mL。此溶液 1mL 约相当于 20mg 甲醛，贮于冰箱可保存 1 年。

⑤ 甲醛缓冲吸收液：用水将甲醛缓冲吸收贮备液稀释 100 倍。临用时现配。

⑥ 氨基磺酸钠溶液：$\rho(NaH_2NSO_3)=6.0g/L$。称取 0.60g 氨基磺酸（H_2NSO_3H）置于 100mL 烧杯中，加入 4.0mL 氢氧化钠溶液（$c=1.5mol/L$），用水搅拌至完全溶解后稀释至 100mL，摇匀。此溶液密封可保存 10d。

⑦ 碘贮备液：$c(1/2I_2)=0.10mol/L$。称取 12.7g 碘（I_2）于烧杯中，加入 40g 碘化钾和 25mL 水，搅拌至完全溶解，用水稀释至 1000mL，贮存于棕色细口瓶中。

⑧ 碘溶液：$c(1/2I_2)=0.010mol/L$。量取碘贮备液（$c=0.10mol/L$）50mL，用水稀释至 500mL，贮于棕色细口瓶中。

⑨ 淀粉溶液：$\rho=5.0g/L$。称取 0.5g 可溶性淀粉于 150mL 烧杯中，用少量水调成糊状，慢慢倒入 100mL 沸水，继续煮沸至溶液澄清，冷却后贮于试剂瓶中。

⑩ 碘酸钾标准溶液：$c(1/6KIO_3)=0.1000mol/L$。准确称取 3.5667g 碘酸钾溶于水，移入 1000mL 容量瓶中，用水稀至标线，摇匀。

⑪ 盐酸溶液：$c(HCl)=1.2mol/L$。量取 100mL 浓盐酸，用水稀释 1000mL。

⑫ 硫代硫酸钠标准贮备液：$c(Na_2S_2O_3)\approx0.10mol/L$。称取 25.0g 硫代硫酸钠（$Na_2S_2O_3$）溶于 1000mL 新煮沸但已冷却的水中，加入 0.2g 无水碳酸钠，贮于棕色细口瓶中，放置一周后备用。如溶液出现浑浊，必须过滤。

⑬ 硫代硫酸钠标准溶液：$c(Na_2S_2O_3)=(0.01\pm0.00001)mol/L$。取 50.0mL 硫代硫酸钠贮备液置于 500mL 容量瓶中，用新煮沸但已冷却的水稀释至标线，摇匀。

标定方法：吸取三份 20.00mL 碘酸钾标准溶液[$c(1/6KIO_3)=0.1000mol/L$]

分别置于 250mL 碘量瓶中，加 70mL 新煮沸但已冷却的水，加 1g 碘化钾，振摇至完全溶解后，加 10mL 盐酸溶液（$c=1.2mol/L$），立即盖好瓶塞，摇匀。于暗处放置 5min 后，用硫代硫酸钠标准溶液滴定溶液至浅黄色，加 2mL 淀粉溶液，继续滴定至蓝色刚好褪去为终点。硫代硫酸钠标准溶液的摩尔浓度按下式计算。

$$c_1 = \frac{0.1000 \times 20.00}{V}$$

式中　c_1——硫代硫酸钠标准溶液的摩尔浓度，mol/L；

　　　V——滴定所耗硫代硫酸钠标准溶液的体积，mL。

⑭ 乙二胺四乙酸二钠盐（EDTA-2Na）溶液：$\rho = 0.50g/L$。称取 0.25g 乙二胺四乙酸二钠盐 EDTA$\{[CH_2N(COONa)CH_2COOH] \cdot H_2O\}$溶于 500mL 新煮沸但已冷却的水中。临用时现配。

⑮ 亚硫酸钠溶液：$\rho(Na_2SO_3) = 1g/L$。称取 0.2g 亚硫酸钠（Na_2SO_3），溶于 200mLEDTA-2Na 溶液中，缓缓摇匀以防充氧，使其溶解。放置 2～3h 后标定。此溶液每毫升相当于 320～400mg 二氧化硫。

标定方法如下。

a. 取 6 个 250mL 碘量瓶（A_1、A_2、A_3、B_1、B_2、B_3），分别加入 50.0mL 碘溶液 $[c(1/2I_2) = 0.010mol/L]$。在 A_1、A_2、A_3 内各加入 25mL 水，在 B_1、B_2 内加入 25.00mL 亚硫酸钠溶液 $[\rho(Na_2SO_3) = 1g/L]$ 盖好瓶盖。

b. 立即吸取 2.00mL 亚硫酸钠溶液 $[\rho(Na_2SO_3) = 1g/L]$ 加到一个已装有 40～50mL 甲醛吸收贮备液的 100mL 容量瓶中，并用甲醛吸收贮备液稀释至标线，摇匀。此溶液即为二氧化硫标准贮备溶液，在 4～5℃ 下冷藏，可稳定 6 个月。

c. 紧接着再吸取 25.00mL 亚硫酸钠溶液 $[\rho(Na_2SO_3) = 1g/L]$ 加入 B_3 内，盖好瓶塞。

d. A_1、A_2、A_3、B_1、B_2、B_3 六个瓶子于暗处放置 5min 后，用硫代硫酸钠标准溶液 $[c_1 = (0.01 \pm 0.00001)mol/L]$ 滴定至浅黄色，加 5mL 淀粉指示剂，继续滴定至蓝色刚刚消失。平行滴定所用硫代硫酸钠标准溶液的体积之差应不大于 0.05mL。

二氧化硫标准贮备溶液的质量浓度由下式计算：

$$\rho = \frac{(\overline{V_0} - \overline{V}) \times c_1 \times 32.03 \times 10^3}{25.00} \times \frac{2.00}{100}$$

式中　ρ——二氧化硫标准贮备溶液的质量浓度，$\mu g/mL$；

　　　$\overline{V_0}$——空白滴定所用硫代硫酸钠标准溶液的体积，mL；

　　　$\overline{V}$——样品滴定所用硫代硫酸钠标准溶液积，mL；

　　　c_1——硫代硫酸钠标准溶液的浓度，mol/L。

⑯ 二氧化硫标准溶液：$\rho(Na_2SO_3) = 1.00\mu g/mL$。用甲醛吸收液将二氧化硫标准贮备溶液稀释成每毫升含 $1.00\mu g$ 二氧化硫的标准溶液。此溶液用于绘制标准

曲线，在 4～5℃下冷藏，可稳定 1 个月。

⑰ 盐酸副玫瑰苯胺（pararosaniline，PRA，即副品红或对品红）贮备液：$\rho=$ 0.2g/100mL。如果副玫瑰苯胺纯度不够，应进行提纯。

⑱ 副玫瑰苯胺使用溶液：$\rho=0.050$g/100mL。吸取 25.00mL 副玫瑰苯胺贮备液于 100mL 容量瓶中，加 30mL85％的浓磷酸、12mL 浓盐酸，用水稀释至标线，摇匀，放置过夜后使用。避光密封保存。

⑲ 盐酸-乙醇清洗液：由三份（1＋4）盐酸和一份 95％乙醇混合配制而成，用于清洗比色管和比色皿。

五、 实验步骤

1. 样品采集与保存

（1）短时间采样　采用内装 10mL 吸收液的多孔玻板吸收管，以 0.5L/min 的流量采气 45～60min。吸收液温度保持在 23～29℃范围。

（2）连续采样　用内装 50mL 吸收液的多孔玻板吸收瓶，以 0.2L/min 的流量连续采样 24h。吸收液温度保持在 23～29℃范围。

（3）现场空白　将装有吸收液的采样管带到采样现场，除了不采气之外，其他环境条件与样品相同。

2. 标准曲线的绘制

取 14 支 10mL 具塞比色管，分 A、B 两组，每组 7 支，分别对应编号。A 组按表 4-1 配制标准系列。

表 4-1　二氧化硫标准系列

管号	0	1	2	3	4	5	6
二氧化硫标准溶液/mL	0	0.50	1.00	2.00	5.00	8.00	10.00
甲醛缓冲吸收液/mL	10.00	9.50	9.00	8.00	5.00	2.00	0
二氧化硫含量/(μg/10mL)	0	0.50	1.00	2.00	5.00	8.00	10.00

在 A 组各管中分别加入 0.5mL 氨基磺酸钠溶液和 0.5mL 氢氧化钠溶液，混匀。在 B 组各管中分别加入 1.00mLPRA 使用溶液。将 A 组各管的溶液迅速地全部倒入对应编号并盛有 PRA 溶液的 B 管中，立即加塞混匀后放入恒温水浴装置中显色。在波长 577nm 处，用 10mm 比色皿，以水为参比测量吸光度。以空白校正后各管的吸光度为纵坐标，以二氧化硫的质量浓度（μg/10mL）为横坐标，用最小二乘法建立标准曲线的回归方程。

显色温度与室温之差不应超过 3℃。根据季节和环境条件按表 4-2 选择合适的显色温度与显色时间。

表 4-2 显色温度与显色时间

显色温度/℃	10	15	20	25	30
显色时间/min	40	25	20	15	5
稳定时间/min	35	25	20	15	10
试剂空白吸光度(A_0)	0.030	0.035	0.040	0.050	0.060

3. 样品测定

① 样品溶液中如有混浊物，则应离心分离除去。

② 样品放置 20min，以使臭氧分解。

③ 短时间采集的样品：将吸收管中的样品溶液移入 10mL 比色管中，用少量甲醛吸收液洗涤吸收管，洗液并入比色管中并稀释至标线。加入 0.5mL 氨基磺酸钠溶液，混匀，放置 10min 以除去氮氧化物的干扰。以下步骤同标准曲线的绘制。

④ 连续 24h 采集的样品：将吸收瓶中样品移入 50mL 容量瓶（或比色管）中，用少量甲醛吸收液洗涤吸收瓶后再倒入容量瓶（或比色管）中，并用吸收液稀释至标线。吸取适当体积的试样（视浓度高低而决定取 2～10mL）于 10mL 比色管中，再用吸收液稀释至标线，加入 0.5mL 氨基磺酸钠溶液，混匀，放置 10min 以除去氮氧化物的干扰，以下步骤同标准曲线的绘制。

4. 空白实验

（1）实验室空白实验 取实验室内未经采样的空白吸收液，用 10mm 比色皿，在波长 577nm 处，以水为参比测定吸光度。实验室空白吸光度 A_0 在显色规定条件下波动范围不超过 ±15%。

（2）现场空白 按实验室空白实验方法测定现场空白的吸光度。将现场空白和实验室空白的测量结果相对照，若现场空白与实验室空白相差过大，查找原因，重新采样。

六、 结果处理

空气中二氧化硫的质量浓度，按下式计算：

$$\rho_{SO_2} = \frac{A_s - A_0 - a}{b \times V_s} \times \frac{V_t}{V_a}$$

式中 ρ——空气中二氧化硫的质量浓度，mg/m^3；

A_s——样品溶液的吸光度；

A_0——空白实验的吸光度；

a——标准曲线的截距（一般要求小于 0.005）；

b——标准曲线的斜率，吸光度·10mL/mg；

V_t——样品溶液的总体积，mL；

V_a——测定时所取试样的体积，mL；

V_s——换算成标准状态下（101.325kPa，273K）的采样体积，L。

计算结果准确到小数点后三位。

七、 注意事项

① 温度对显色影响较大，温度越高，空白值越大。温度高时显色快，褪色也快，最好用恒温水浴控制显色温度。

② 测定样品时的温度与绘制标准曲线时的温度之差不应超过 2℃。

③ 采样时吸收液的温度在 23～29℃时，吸收效率为 100％。10～15℃时，吸收效率偏低 5％。高于 33℃或低于 9℃时，吸收效率偏低 10％。

④ 在给定条件下标准曲线斜率应为 0.042±0.004，试剂空白吸光度 A_0 在显色规定条件下波动范围不超过±15％。

⑤ 六价铬能使紫红色络合物褪色，产生负干扰，故应避免用硫酸-铬酸洗液洗涤的玻璃器皿，若已用此洗液洗过，则需用 （1＋1）盐酸溶液浸洗，再用水充分洗涤。

⑥ 用过的具塞比色管及比色皿应及时用酸洗涤，否则红色难以洗净。具塞比色管用 （1＋4）盐酸溶液洗涤，比色皿用 （1＋4）盐酸加 1/3 体积乙醇混合液洗涤。

实验二　氮氧化物（一氧化氮和二氧化氮）的测定——盐酸萘乙二胺分光光度法

大气中的氮氧化物主要以一氧化氮（NO）和二氧化氮（NO_2）形式存在。它们主要来源于石化燃料高温燃烧和硝酸、化肥等生产排放的废气，以及汽车排放尾气。一氧化氮为无色、无臭、微溶于水的气体，在大气中易被氧化为 NO_2。NO_2 为棕红色气体，具有强刺激性臭味，是引起支气管炎等呼吸道疾病的有害物质。大气中的 NO 和 NO_2 可以分别测定，也可以测定二者的总量。常用的测定方法有盐酸萘乙二胺分光光度法、化学发光法及恒电流库仑滴定法等。

一、实验目的

① 掌握盐酸萘乙二胺分光光度法测定空气中氮氧化物的原理和操作技术。

② 了解空气采样器的结构和使用方法。

二、实验原理

空气中的氮氧化物主要是一氧化氮和二氧化氮。在测定氮氧化物浓度时，应先用氧化剂将一氧化氮氧化成二氧化氮。二氧化氮被吸收液吸收后，生成亚硝酸和硝酸，其中，亚硝酸与对氨基苯磺酸发生重氮化反应，再与盐酸萘乙二胺偶合，生成玫瑰红色偶氮染料。空气中的二氧化氮被串联的第一支吸收瓶中的吸收液吸收并反应生成粉红色偶氮染料。空气中的一氧化氮不与吸收液反应，通过氧化管时被酸性高锰酸钾溶液氧化为二氧化氮，被串联的第二支吸收瓶中的吸收液吸收并反应生成粉红色偶氮染料。生成的偶氮染料在波长 540nm 处的吸光度与二氧化氮的含量成正比。分别测定第一支和第二支吸收瓶中样品的吸光度，计算两支吸收瓶内二氧化氮和一氧化氮的质量浓度，二者之和即为氮氧化物的质量浓度（以二氧化氮计）。二氧化氮（气）不是全部转化为二氧化氮（液），故在计算结果时应除以转换系数（称为 Saltzman 实验系数，用二氧化氮标准气体通过实验测定）。

三、仪器

① 分光光度计：10mm 比色皿。

② 空气采样器：流量范围 0.1～1.0L/min。

③ 恒温、半自动连续空气采样器：采样流量为 0.2L/min 时，相对误差小于 ±5%，能将吸收液温度保持在 (20 ± 4)℃。采样管：硼硅玻璃管、不锈钢管、聚四氟乙烯管或硅胶管，内径约为 6mm，尽可能短些，任何情况下不得超过 2m，配有朝下的空气入口。

④ 吸收瓶：可装 10mL 或 50mL 吸收液的多孔玻板吸收瓶，液柱高度不低于 80mm。使用棕色吸收瓶或采样过程中吸收瓶外罩黑色避光罩。新的多孔玻板吸收

瓶或使用后的多孔玻板吸收瓶，应用 (1+1) HCl 浸泡 24h 以上，用清水洗净。

⑤ 氧化瓶：可装 5mL、10mL 或 50mL 酸性高锰酸钾溶液的洗气瓶，液柱高度不能低于 80mm。使用后，用盐酸羟胺溶液浸泡洗涤。

四、试剂

① 冰乙酸。

② 盐酸羟胺溶液：$\rho = 0.2 \sim 0.5$ g/L。

③ 硫酸溶液：$c(1/2H_2SO_4) = 1$ mol/L。取 15mL 浓硫酸（$\rho = 1.84$ g/mL），徐徐加入 500mL 水中，搅拌均匀，冷却备用。

④ 酸性高锰酸钾溶液：$\rho(KMnO_4) = 25$ g/L。称取 25g 高锰酸钾于 1000mL 烧杯中，加入 500mL 水，稍微加热使其全部溶解，然后加入 1mol/L 硫酸溶液 500mL，搅拌均匀，贮于棕色试剂瓶中。

⑤ N-(1-萘基) 乙二胺盐酸盐贮备液：$\rho[C_{10}H_7NH(CH_2)_2NH_2 \cdot 2HCl] = 1.00$ g/L。称取 0.50g N-(1-萘基) 乙二胺盐酸盐于 500mL 容量瓶中，用水溶解稀释至刻度。此溶液贮于密闭的棕色瓶中，在冰箱中冷藏可稳定保存三个月。

⑥ 显色液：称取 5.0g 对氨基苯磺酸（$NH_2C_6H_4SO_3H$）溶解于约 200mL 40～50℃热水中，将溶液冷却至室温，全部移入 1000mL 容量瓶中，加入 50mL N-(1-萘基) 乙二胺盐酸盐贮备溶液和 50mL 冰乙酸，用水稀释至刻度。此溶液贮于密闭的棕色瓶中，在 25℃ 以下暗处存放可稳定三个月。若溶液呈现淡红色，应弃之重配。

⑦ 吸收液：使用时将显色液和水按 4:1（体积分数）比例混合，即为吸收液。吸收液的吸光度应小于等于 0.005。

⑧ 亚硝酸盐标准贮备液：$\rho(NO_2^-) = 250\mu g/mL$。准确称取 0.3750g 亚硝酸钠 [$NaNO_2$，优级纯，使用前在 (105±5)℃ 干燥恒重] 溶于水，移入 1000mL 容量瓶中，用水稀释至标线。此溶液贮于密闭棕色瓶中于暗处存放，可稳定保存三个月。

⑨ 亚硝酸盐标准工作液：$\rho(NO_2^-) = 2.50\mu g/mL$。准确吸取亚硝酸盐标准贮备液 1.00mL 于 100mL 容量瓶中，用水稀释至标线。临用现配。

五、实验步骤

1. 样品采集与保存

(1) 短时间采样　取两支内装 10.0mL 吸收液的多孔玻板吸收瓶和一支内装 5～10mL 酸性高锰酸钾溶液的氧化瓶，用尽量短的硅橡胶管将氧化瓶串联在两支吸收瓶之间，以 0.4L/min 流量采气 4～24L。

(2) 长时间采样　取两支大型多孔玻板吸收瓶，装入 50.0mL 吸收液，取一支内装 50mL 酸性高锰酸钾溶液的氧化瓶，将吸收液恒温在 (20±4)℃，以 0.2L/min 流量采气 288L。

(3) 现场空白　将装有吸收液的采样管带到采样现场，除了不采气之外，其他环境条件与样品相同。要求每次采样至少做 2 个现场空白。

（4）样品的保存　样品采集、运输及存放过程中避光保存，样品采集后尽快分析。若不能及时测定，将样品于低温暗处存放，样品在30℃暗处存放，可稳定8h；在20℃暗处存放，可稳定24h；于0～4℃冷藏，至少可稳定3d。

2. 标准曲线的绘制

表 4-3　亚硝酸盐标准溶液系列

管号	0	1	2	3	4	5
标准工作液/mL	0	0.40	0.80	1.20	1.60	2.00
水/mL	2.00	1.60	1.20	0.80	0.40	0
显色液/mL	8.00	8.00	8.00	8.00	8.00	8.00
亚硝酸盐浓度/(μg/mL)	0	0.10	0.20	0.30	0.40	0.50

取6支10mL具塞比色管，按表4-3制备亚硝酸盐标准溶液系列。根据表4-3分别移取相应体积的亚硝酸钠标准工作液，并加入相应量的蒸馏水至2.00mL，加入显色液8.00mL。各管混匀，于暗处放置20min（室温低于20℃时放置40min以上），用10mm比色皿，在波长540nm处，以水为参比测量吸光度，扣除0号管的吸光度以后，对应NO_2^-的浓度（μg/mL）用最小二乘法计算标准曲线的回归方程。

3. 样品测定

采样后放置20min，室温20℃以下时放置40min以上，用蒸馏水将采样瓶中吸收液的体积补充至标线，混匀。用10mm比色皿，在波长540nm处，以水为参比测量吸光度，同时测定空白样品的吸光度。若样品的吸光度超过标准曲线的上限，应用实验室空白试液稀释，再测定其吸光度。但稀释倍数不得大于6。

4. 空白实验

（1）实验室空白实验　取实验室内未经采样的空白吸收液，用10mm比色皿，在波长540nm处，以水为参比测定吸光度。实验室空白吸光度A_0在显色规定条件下波动范围不超过±15％。

（2）现场空白　按实验室空白实验方法测定现场空白的吸光度。将现场空白和实验室空白的测量结果相对照，若现场空白与实验室空白相差过大，查找原因，重新采样。

六、　结果处理

① 空气中二氧化氮浓度 ρ_{NO_2}（mg/m³）按下式计算：

$$\rho_{NO_2} = \frac{A_1 - A_0 - a}{b \times f \times V_s} \times \frac{V_t}{V_a}$$

② 空气中一氧化氮浓度 ρ_{NO}（mg/m³）以二氧化氮（NO_2）计，按下式计算：

$$\rho_{NO} = \frac{A_2 - A_0 - a}{b \times f \times V_s \times K} \times \frac{V_t}{V_a}$$

ρ'_{NO}（mg/m³）以一氧化氮（NO）计，按下式计算：

$$\rho'_{NO} = \frac{\rho_{NO_2} \times 30}{46}$$

③ 空气中氮氧化物的浓度以二氧化氮（NO₂）计，按下式计算：

$$\rho_{NO_x} = \rho_{NO_2} + \rho_{NO}$$

式中　A_1、A_2——串联的第一支和第二支吸收瓶中样品的吸光度；

A_0——实验室空白的吸光度；

a——标准曲线的截距；

b——标准曲线的斜率，（吸光度·mL）/μg；

V_t——样品溶液的总体积，mL；

V_a——测定时所取试样的体积，mL；

V_s——换算成标准状态下（101.325kPa，273K）的采样体积，L；

K——NO→NO₂氧化系数，0.68；

f——Saltzman 实验系数，0.88（当空气中二氧化氮浓度高于 0.72mg/m³时，f 取值 0.77）。

七、 注意事项

① 吸收液应避光，且不能长时间暴露在空气中，以防止光照使吸收液显色或吸收空气中的氮氧化物而使试剂空白值增高。

② 每支吸收瓶在使用前或使用一段时间以后应测定其玻板阻力，检查通过玻板后气泡分散的均匀性。阻力不符合要求和气泡分散不均匀的吸收瓶不宜使用。内装 10mL 吸收液的多孔玻板吸收瓶，以 0.4L/min 流量采样时，玻板阻力应在 4～5kPa，通过玻板后的气泡应分散均匀。内装 50mL 吸收液的大型多孔玻板吸收瓶，以 0.2L/min 流量采样时，玻板阻力应在 5～6kPa，通过玻板后的气泡应分散均匀。

③ 在给定条件下标准曲线斜率控制在 0.180～0.195 ［（吸光度·mL）/μg］，截距控制在±0.003 之间。

实验三 空气中 PM_{10} 和 $PM_{2.5}$ 的测定——重量法

空气中的颗粒物的粒径多数处于 $0.01\sim100\mu m$，其中 PM_{10} 和 $PM_{2.5}$ 是空气环境质量例行监测的必测项目。其中 PM_{10} 是指悬浮在空气中，空气动力学直径 $\leqslant$ $10\mu m$ 的颗粒物；$PM_{2.5}$ 是指悬浮在空气中，空气动力学直径 $\leqslant2.5\mu m$ 的颗粒物。颗粒物通过呼吸进入人体肺部，在肺泡积累，粒径越小，进入呼吸道的位置越深，对人体健康的危害就越大。它除了能引起癌症、畸形和基因突变甚至死亡外，还会使城市大气能见度降低，引起大气光化学烟雾、酸沉降、臭氧层破坏及全球气候变化。常用的测定方法有重量法、石英晶体振荡天平、β 射线吸收法和光散射法。

一、实验目的

① 掌握滤膜捕集-重量法测定 PM_{10} 和 $PM_{2.5}$ 的方法。

② 掌握 PM_{10} 和 $PM_{2.5}$ 切割器、采样系统的基本原理和采样方法。

二、实验原理

分别通过 PM_{10} 和 $PM_{2.5}$ 切割器，以恒速抽取定量体积空气，使环境空气中 PM_{10} 和 $PM_{2.5}$ 被截留在已知质量的滤膜上，根据采样前后滤膜的质量差和采样体积，计算出空气中 PM_{10} 和 $PM_{2.5}$ 浓度。

三、仪器

① PM_{10} 切割器、采样系统：切割粒径 $Da_{50}=(10\pm0.5)\mu m$；捕集效率的几何标准差为 $\sigma_g=(1.5\pm0.1)\mu m$。其他性能和技术指标应符合 HJ/T 93—2003 的规定。

② $PM_{2.5}$ 切割器、采样系统：切割粒径 $Da_{50}=(2.5\pm0.2)\mu m$；捕集效率的几何标准差为 $\sigma_g=(1.2\pm0.1)\mu m$。其他性能和技术指标应符合 HJ/T 93—2003 的规定。

③ 采样器孔口流量计或其他符合本标准技术指标要求的流量计。

④ 大流量流量计：量程 $0.8\sim1.4m^3/min$；误差 $\leqslant2\%$。

⑤ 中流量流量计：量程 $60\sim125L/min$；误差 $\leqslant2\%$。

⑥ 小流量流量计：量程 $<30L/min$；误差 $\leqslant2\%$。

⑦ 滤膜：根据样品采集目的可选用玻璃纤维滤膜、石英滤膜等无机滤膜或聚氯乙烯、聚丙烯、混合纤维素等有机滤膜。滤膜对 $0.3\mu m$ 标准粒子的截留效率不低于 99%。

⑧ 分析天平：感量 0.1mg 或 0.01mg。

⑨ 恒温恒湿箱（室）：箱（室）内空气温度在 $15\sim30℃$ 范围内可调，控温精度 $\pm1℃$。箱（室）内空气相对湿度应控制在 $50\%\pm5\%$。恒温恒湿箱（室）可连续工作。

⑩ 干燥器：内盛变色硅胶。

四、 实验步骤

1. 样品采集和保存

① 采样时，采样器入口距地面高度不得低于 1.5m。采样不宜在风速大于 8m/s 等天气条件下进行。采样点应避开污染源及障碍物。如果测定交通枢纽处 PM_{10} 和 $PM_{2.5}$，采样点应布置在距人行道边缘外侧 1m 处。

② 采用间断采样方式测定日平均浓度时，其次数不应少于 4 次，累积采样时间不应少于 18h。

③ 采样时，将已称重的滤膜用镊子放入洁净采样夹内的滤网上，滤膜毛面应朝进气方向。将滤膜牢固压紧至不漏气。如果测定任何一次浓度，每次需更换滤膜；如测日平均浓度，样品可采集在一张滤膜上。采样结束后，用镊子取出。将有尘面两次对折，放入样品盒或纸袋，并作好采样记录。

④ 滤膜采集后，如不能立即称重，应在 4℃ 条件下冷藏保存。

2. 分析步骤

将滤膜放在恒温恒湿箱（室）中平衡 24h，平衡条件为：温度取 15～30℃ 中任何一点，相对湿度控制在 45%～55% 范围内，记录平衡温度与湿度。在上述平衡条件下，用感量为 0.1mg 或 0.01mg 的分析天平称量滤膜，记录滤膜质量。同一滤膜在恒温恒湿箱（室）中相同条件下再平衡 1h 后称重。对于 PM_{10} 和 $PM_{2.5}$ 颗粒物样品滤膜，两次重量之差分别小于 0.4mg 或 0.04mg 为满足恒重要求。

五、 结果处理

PM_{10} 或 $PM_{2.5}$ 浓度按下式计算：

$$\rho = \frac{m_2 - m_1}{V_s} \times 1000$$

式中　ρ——PM_{10} 或 $PM_{2.5}$ 浓度，mg/m^3；

　　m_2——采样后滤膜的质量，g；

　　m_1——空白滤膜的质量，g；

　　V_s——已换算成标准状态（101.325kPa，273K）下的采样体积，m^3。

六、 注意事项

① 要经常检查采样头是否漏气。当滤膜安放正确，采样系统无漏气时，采样后滤膜上颗粒物与四周白边之间界限应清晰，如出现界线模糊时，则表明应更换滤膜密封垫。

② 当 PM_{10} 或 $PM_{2.5}$ 含量很低时，采样时间不能过短。对于感量为 0.1mg 和 0.01mg 的分析天平，滤膜上颗粒物负载量应分别大于 1mg 和 0.1mg，以减少称量误差。

③ 采样前后，滤膜称量应使用同一台分析天平。

实验四　空气中甲醛的测定——酚试剂分光光度法

甲醛是一种无色、有强烈刺激性气味、易溶于水的气体，35%～40%的甲醛水溶液叫做福尔马林，常作为浸渍标本的溶液。室内甲醛主要来源于建筑材料、装饰物品及生活物品等在室内的使用。长期、低浓度接触甲醛会引起头痛、头晕、乏力、感觉障碍、免疫力降低，并可出现瞌睡、记忆力减退或神经衰弱、精神抑郁，甚至还有致敏作用和致突变作用。测定甲醛常用的方法有分光光度法、气相色谱法和离子色谱法。

一、实验目的

① 掌握用酚试剂分光光度法测定空气中甲醛的原理和方法。

② 熟悉大气采样器的使用。

二、实验原理

空气中的甲醛与酚试剂反应生成嗪，嗪在酸性溶液中被高铁离子氧化形成蓝绿色化合物。用分光光度计在 630nm 处测定其吸光度。在一定浓度范围内，吸光度与甲醛的浓度成正比。

三、仪器

① 大型气泡吸收管：内管进气管的出气口内径为 1mm，出气口至管底距离等于或小于 5mm。

② 恒流采样器：流量范围 0～1L/min。流量稳定可调，恒流误差小于 2%，采样前和采样后应用皂沫流量计校准采样系列流量，误差小于 5%。

③ 具塞比色管：10mL。

④ 分光光度计：配 10mm 比色皿。

四、试剂

① 吸收液原液：称量 0.10g 酚试剂 $[C_6H_4SN(CH_3)C=NNH_2 \cdot HCl$，MBTH]，加水溶解，倾于 100mL 具塞量筒中，加水到刻度。放冰箱中保存，可稳定 3d。

② 吸收液：量取吸收原液 5mL，加 95mL 水，即为吸收液。采样时，临用现配。

③ 1% 硫酸铁铵溶液：称量 1.0g 硫酸铁铵 $[NH_4Fe(SO_4)_2 \cdot 12H_2O]$，用 0.1mol/L 盐酸溶解，并稀释至 100mL。

④ 碘溶液：$c(1/2I_2)=0.100mol/L$。称量 30g 碘化钾，溶于 25mL 水中，加

113

入 12.7g 碘。待碘完全溶解后，用水定容至 1000mL。移入棕色瓶中，暗处贮存。

⑤ 氢氧化钠溶液：$c(NaOH)=1mol/L$。称量 40g 氢氧化钠，溶于水中，并稀释至 1000mL。

⑥ 硫酸溶液：$c(H_2SO_4)=0.5mol/L$。取 28mL 浓硫酸缓慢加入水中，冷却后，稀释至 1000mL。

⑦ 盐酸溶液：$c(HCl)=0.1mol/L$。取 9mL 浓盐酸入加适量水，并稀释至 1000mL。

⑧ 碘酸钾标准溶液：$c(1/6KIO_3)=0.1000mol/L$。准确称量 3.5667g 经 105℃ 烘干 2h 的碘酸钾（优级纯），溶解于水，移入 1L 容量瓶中，再用水定溶至 1000mL。

⑨ 硫代硫酸钠标准溶液：$c(Na_2S_2O_3)\approx0.1000mol/L$。称量 25g 硫代硫酸钠（$Na_2S_2O_3 \cdot 5H_2O$），溶于 1000mL 新煮沸并已放冷的水中，此溶液浓度约为 0.1mol/L。加入 0.2g 无水碳酸钠，贮存于棕色瓶内，放置一周后，再标定其准确浓度。

精确量取 25.00mL 碘酸钾标准溶液 $[c(1/6KIO_3)=0.1000mol/L]$ 于 250mL 碘量瓶中，加入 75mL 新煮沸后冷却的水，加 3g 碘化钾及 10mL 0.1mol/L 盐酸溶液，摇匀后放入暗处静置 3min。用硫代硫酸钠标准溶液滴定析出的碘，至淡黄色，加入 1mL 0.5% 淀粉溶液呈蓝色。再继续滴定至蓝色刚刚褪去，即为终点，记录所用硫代硫酸钠标准溶液体积（V，mL），其准确浓度用下式算：

$$c_{Na_2S_2O_3}=\frac{0.1000\times25.00}{V}$$

平行滴定两次，所用硫代硫酸钠溶液相差不能超过 0.05mL，否则应重新做平行测定。

⑩ 淀粉溶液：$\rho=5g/L$。将 0.5g 可溶性淀粉，用少量水调成糊状后，再加入 100mL 沸水，并煮沸 2~3min 至溶液透明。冷却后，加入 0.1g 水杨酸或 0.4g 氯化锌保存。

⑪ 甲醛标准贮备溶液：$\rho(甲醛)\approx1mg/mL$ 取 2.8mL 含量为 36%~38% 甲醛溶液，放入 1L 容量瓶中，加水稀释至刻度。此溶液 1mL 约相当于 1mg 甲醛。其准确浓度用下述碘量法标定。

标定方法：精确量取 20.00mL 待标定的甲醛标准贮备溶液，置于 250mL 碘量瓶中。加入 20.00mL 碘溶液 $[c(1/2I_2)=0.1000mol/L，\rho(KI)=30g/L]$ 和 15mL 1mol/L 氢氧化钠溶液，放置 15min，加入 20mL 0.5mol/L 硫酸溶液，再放置 15min，用硫代硫酸钠标准溶液 $[c(Na_2S_2O_3)=0.1000mol/L]$ 滴定，至溶液呈现淡黄色时，加入 1mL 淀粉溶液继续滴定至恰使蓝色褪去为止，记录所用硫代硫酸钠溶液体积（V_2，mL）。同时用水作试剂空白滴定，记录空白滴定所用硫代硫酸钠标准溶液的体积（V_1，mL）。甲醛溶液的浓度用下式计算：

$$甲醛溶液浓度(mg/mL) = \frac{15.01 \times (V_1 - V_2) \times c}{20.00}$$

式中 V_1——试剂空白消耗硫代硫酸钠标准溶液 $[c(Na_2S_2O_3) = 0.1000mol/L]$ 的体积，mL；

V_2——甲醛标准贮备溶液消耗硫代硫酸钠标准溶液 $[c(Na_2S_2O_3) = 0.1000mol/L]$ 的体积，mL；

c——硫代硫酸钠溶液的准确浓度，mol/L；

15.01——甲醛的系数 $\left(\frac{1}{2}M_{CH_2O}\right)$；

20.00——所取甲醛标准贮备溶液的体积，mL。

二次平行滴定，误差应小于 0.05mL，否则重新标定。

⑫ 甲醛标准溶液：ρ(甲醛) = 1.00μg/mL 临用时，将甲醛标准贮备溶液用水稀释成 10μg/mL 的甲醛，立即再取此溶液 10.00mL，加入 100mL 容量瓶中，加入 5mL 吸收原液，用水定容至 100mL，此液甲醛浓度为 1.00μg/mL，放置 30min 后，用于配制标准色列管。此标准溶液可稳定 24h。

五、实验步骤

1. 样品采集和保存

用一个内装 5mL 吸收液的大型气泡吸收管，以 0.5L/min 流量，采气 10L。并记录采样点的温度和大气压力。采样后样品在室温下应在 24h 内分析。

2. 标准曲线的绘制

取 10mL 具塞比色管，用甲醛标准贮备液按表 4-4 制备标准系列。

表 4-4 甲醛标准系列

管　　号	0	1	2	3	4	5	6	7
标准贮备液/mL	0	0.20	0.40	0.60	0.80	1.00	1.50	2.00
吸收液/mL	5.0	4.8	4.6	4.4	4.2	4.0	3.5	3.0
甲醛含量/μg	0	0.2	0.4	0.6	0.8	1.0	1.5	2.0

在各管中，加入 0.4mL 1‰ 硫酸铁铵溶液，摇匀。放置 15min。用 10mm 比色皿，在波长 630nm 处，以蒸馏水参比，测定各管溶液的吸光度。以甲醛含量为横坐标，吸光度为纵坐标，用最小二乘法建立标准曲线的回归方程。

3. 样品测定

采样后，将样品溶液全部转入比色管中，用少量吸收液洗吸收管，合并使总体积为 5mL。按绘制标准曲线的操作步骤测定吸光度（A）；在每批样品测定的同时，用 5mL 未采样的吸收液作试剂空白，测定试剂空白的吸光度（A_0）。

六、结果处理

空气中甲醛浓度按下式计算：

$$\rho_{CH_2O} = \frac{A - A_0 - a}{b \times V_s} \times \frac{V_t}{V_a}$$

式中　ρ_{CH_2O}——空气中甲醛的质量浓度，mg/m^3；

　　　　A——样品溶液的吸光度；

　　　　A_0——空白实验的吸光度；

　　　　a——标准曲线的截距（一般要求小于 0.005）；

　　　　b——标准曲线的斜率；

　　　　V_t——样品溶液的总体积，mL；

　　　　V_a——测定时所取试样的体积，mL；

　　　　V_s——换算成标准状态下（101.325kPa，273K）的采样体积，L。

计算结果准确到小数点后三位。

七、注意事项

① 二氧化硫共存时，使测定结果偏低。因此对二氧化硫干扰不可忽视，可将气样先通过硫酸锰滤纸过滤器，予以排除。

② 绘制标准曲线时与样品测定时温差不超过 2℃。

实验五　苯系物的测定——活性炭吸附/二硫化碳解吸-气相色谱法

苯系化合物通常包括苯、甲苯、乙苯、对二甲苯、间二甲苯、邻二甲苯、异丙苯、苯乙烯8种化合物，它们对人体健康具有一定的危害，可造成急性和慢性中毒，对皮肤有刺激作用，有些苯系物还能诱发人的染色体畸变，是致癌物质。测定空气中苯系物的方法有活性炭吸附/二硫化碳解吸-气相色谱法和固体吸附/热脱附-气相色谱法等。

一、实验目的

① 掌握活性炭吸附/二硫化碳解吸的富集采样方法和气相色谱法测定苯系物的原理和操作方法。

② 熟悉气相色谱分析的基本知识及色谱仪各组成部分的工作原理。

二、实验原理

用活性炭采样管富集空气中苯系物，二硫化碳（CS_2）解吸，使用带有氢火焰离子化检测器（FID）的气相色谱仪测定苯系物的含量。

三、仪器

① 气相色谱仪：配有 FID 检测器。

② 毛细管柱：固定液为聚乙二醇（PEG-20M），$30m \times 0.32mm \times 1.00\mu m$ 或等效毛细管柱。

③ 无油采样泵，能在 $0 \sim 1.5L/min$ 内精确保持流量。

④ 活性炭采样管：采样管内装有两段特制的活性炭，A 段 100mg，B 段50mg。A 段为采样段，B 段为指示段，详见图 4-1。

⑤ 温度计：精度 0.1℃。

⑥ 气压计：精度 0.01kPa。

⑦ 微量进样器：$1 \sim 5\mu L$，精度 $0.1\mu L$。

⑧ 移液管：1.00mL。

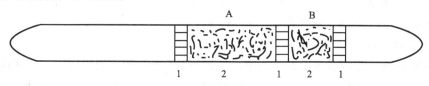

1—玻璃棉；2—活性炭；A—100mg活性炭；B—50mg活性炭

图 4-1　活性炭采样管

⑨ 磨口具塞试管：5mL。

四、试剂

① 二硫化碳：分析纯，经色谱鉴定无干扰峰。

② 标准贮备液：取适量色谱纯的苯、甲苯、乙苯、邻二甲苯、间二甲苯、对二甲苯、异丙苯和苯乙烯配制于一定体积的二硫化碳中。也可使用有证标准溶液。

③ 载气：氮气，纯度 99.999%，用净化管净化。

④ 燃烧气：氢气，纯度 99.99%。

⑤ 助燃气：空气，用净化管净化。

五、实验步骤

1. 样品采集

① 采样前应对采样器进行流量校准。在采样现场，将一只采样管与空气采样装置相连，调整采样装置流量。此采样管仅作为调节流量用，不用作采样分析。

② 敲开活性炭采样管的两端，与采样器相连（A 段为气体入口），检查采样系统的气密性。以 0.2～0.6L/min 的流量采气 1～2h（废气采样时间 5～10min）。若现场大气中含有较多颗粒物，可在采样管前连接过滤头。同时记录采样器流量、当前温度、气压及采样时间和地点。

③ 采样完毕前，再次记录采样流量，取下采样管，立即用聚四氟乙烯帽密封。

④ 现场空白样品的采集：将活性炭管运输到采样现场，敲开两端后立即用聚四氟乙烯帽密封，并同已采集样品的活性炭管一同存放并带回实验室分析。每次采集样品，都应至少带一个现场空白样品。

2. 样品的保存和解吸

采集好的样品，立即用聚四氟乙烯帽将活性炭采样管的两端密封，避光密闭保存，室温下 8h 内测定。否则放入密闭容器中，保存于 -20℃冰箱中，保存期限为 1d。

将活性炭采样管中 A 段和 B 段取出，分别放入磨口具塞试管中，每个试管中各加入 1.00mL 二硫化碳密闭，轻轻振动，在室温下解吸 1h 后，待测。

3. 毛细管柱气相色谱法参考条件

柱箱温度：65℃保持 10min，以 5℃/min 速率升温到 90℃保持 2min；进样口温度：150℃；检测器温度：250℃；柱流量：2.6mL/min；尾吹气流量：30mL/min；氢气流量：40mL/min；空气流量：400mL/min。

4. 标准曲线的绘制

分别取适量的苯系物标准贮备液，稀释到 1.00mL 的二硫化碳中，配制质量浓度依次为 0.5μg/mL、1.0μg/mL、10μg/mL、20μg/mL 和 50μg/mL 的校准系列。分别取标准系列溶液 1.0μL 注射到气相色谱仪进样口。根据各目标组分质量和响应值绘制标准曲线。苯系物的色谱图见图 4-2。

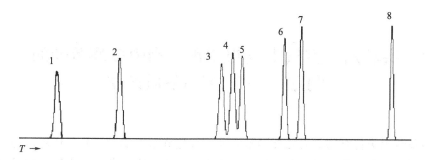

图 4-2 苯系物色谱图

1—苯；2—甲苯；3—乙苯；4—对二甲苯；5—间二甲苯；

6—异丙苯；7—邻二甲苯；8—苯乙烯

5. 苯系物的测定

取制备好的试样 1.0μL，注射到气相色谱仪中，调整分析条件（与绘制标准曲线的条件相同），目标组分经色谱柱分离后，由 FID 进行检测。记录色谱峰的保留时间和相应值。

（1）定性分析 根据保留时间定性。

（2）定量分析 根据标准曲线计算目标组分含量。

（3）空白实验 现场空白活性炭管与已采样的样品管同批测定，分析步骤与苯系物相同。

六、结果处理

气体中目标化合物浓度，按照下式进行计算。

$$\rho = \frac{(W-W_0) \times V}{V_s}$$

式中　ρ——气体中被测组分浓度，mg/m^3；

　　　W——由标准曲线计算的样品解吸液的浓度，$\mu g/mL$；

　　　W_0——由标准曲线计算的空白解吸液的浓度，$\mu g/mL$；

　　　V——解吸液体积，mL；

　　　V_s——标准状态下（101.325kPa，0℃）的采样体积，L。

七、注意事项

①当空气中水蒸气或水雾太大，以致在活性炭管中凝结时，影响活性炭管的穿透体积及采样效率，因此空气湿度应小于 90%。

②活性炭采样管的吸附效率应在 80% 以上，即 B 段活性炭所收集的组分应小于 A 段的 25%，否则应调整流量或采样时间，重新采样。

③每批样品分析时应带一个标准曲线中间浓度校核点，中间浓度校核点测定值与标准曲线相应点浓度的相对误差应不超过 20%。若超出允许范围，应重新配制中间浓度点标准溶液，若还不能满足要求，应重新绘制标准曲线。

实验六　空气中气相和颗粒物中多环芳烃的
测定——气相色谱-质谱法

多环芳烃类化合物具有强烈的致突变、致癌和致畸的"三致"作用、持久性和生物蓄积性。多环芳烃进入环境后，通过环境蓄积、生物蓄积、生物转化或化学反应等方式损害健康和环境。环境中的多环芳烃多数是石油、煤等化石燃料以及木材、天然气、汽油、重油、有机高分子化合物、纸张、作物秸秆、烟草等含碳氢化合物的物质经不完全燃烧或在还原性介质中经热分解而生成的，它们大都随烟尘、废气排放到空气，然后随空气沉降和迁移转化，进一步污染水体、土壤。大气中PAHs 以气、固两种形式存在，其中分子量小的二、三环 PAHs 主要以气态形式存在，四环 PAHs 在气态、颗粒态中的分配基本相同，五到七环的大分子量 PAHs 则绝大部分以颗粒态形式存在。

一、实验目的

① 掌握气相色谱-质谱法测定空气中气相和颗粒物中多环芳烃的原理和方法。

② 熟悉空气采样设备的组成及使用方法。

③ 掌握多环芳烃样品的提取、净化和浓缩的方法和原理。

二、实验原理

气相和颗粒物中的多环芳烃分别收集于采样筒与玻璃（或石英）纤维滤膜/筒，采样筒和滤膜用 10/90（体积分数）乙醚/正己烷的混合溶剂提取，提取液经过浓缩、硅胶柱或弗罗里硅土柱等方式净化后，进行气相色谱-质谱联用仪（GC/MS）检测，根据保留时间、质谱图或特征离子进行定性，内标法定量。

三、仪器

① 气相色谱质谱联机：气相色谱具有分流/不分流进样口，具有程序升温功能；质谱仪采用电子轰击电离源。

② 色谱柱：石英毛细管色谱柱，$30m \times 0.25mm \times 0.25\mu m$（膜厚），固定相为 5％苯基甲基聚硅氧烷，或其他等效的色谱柱。

③ 石墨垫：含 60％聚酰亚胺和 40％石墨，避免分析过程中对 PAHs 产生吸附。

④ 氦气：纯度≥99.999％。

⑤ 环境空气采样设备：采样装置由采样头、采样泵和流量计组成。

a. 采样泵：具有自动累计流量，自动定时，断电再启功能。正常采样情况下，大流量采样器负载可以达到 225L/min 以上，中流量采样器负载可以达到 100 L/min 以上。能够将环境空气抽吸到玻璃纤维滤膜及其后面的吸附套筒内的吸附材料上，在连续 24h 期间至少能够采集到 $144m^3$ 的空气样品。

　　b. 采样头：采样头由滤膜夹和吸附剂套筒两部分组成，详见图 4-3。采样头配备不同的切割器可采集 TSP、PM_{10} 或 $PM_{2.5}$ 颗粒物。滤膜夹由滤膜固定架、滤膜、不锈钢筛网组成。滤膜固定架由金属材料制成，并能够通过一个不锈钢筛网支撑架固定玻璃纤维/石英滤膜。吸附剂套筒外筒由聚四氟乙烯或不锈钢材料制成，内部装有玻璃采样筒。玻璃采样筒底部由玻璃筛板或不锈钢筛网支持，玻璃采样筒内上下两层为厚度至少为 1cm 的 PUF，中间装有高度为 5cm 左右的 XAD-2 大孔树脂。玻璃采样筒密封固定在滤膜架和抽气泵之间。采样时吸附剂

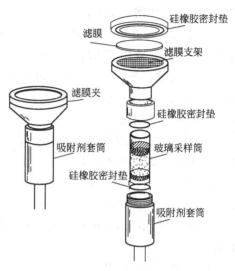

图 4-3　采样头示意图

套筒进气口与滤膜固定架连接，出气口与抽气泵端连接。采样后玻璃采样筒也可直接放入索氏提取器中回流提取。采样前、后将采样筒用铝箔纸包好，放于保存盒内，保证玻璃采样筒及其里面的吸附剂在采样前和采样后不受沾污。

　　c. 流量计：可设定流量不低于 100L/min，采样前用标准流量计对采样流量进行校准。

　　⑥ 索氏提取器：500mL、1000mL、2000mL。亦可采用其他性能相当的提取装置。

　　⑦ 恒温水浴：控制温度精度在 ±5℃。

　　⑧ 旋转蒸发装置：也可使用 K-D 浓缩器、有机样品浓缩仪等性能相当的设备。

　　⑨ 固相萃取净化装置。

　　⑩ 玻璃层析柱：长 350mm，内径 20mm，底部具 PTFE 活塞的玻璃柱。

　　⑪ 微量注射器：$10\mu L$、$50\mu L$、$100\mu L$、$250\mu L$。

　　⑫ 气密注射器：$500\mu L$、$1000\mu L$。

　　⑬ 容量瓶：A 级，5mL、10mL、25mL、50mL。

四、试剂

　　① 二氯甲烷（CH_2Cl_2）：色谱纯。

　　② 正己烷（C_6H_{14}）：色谱纯。

121

③ 乙醚（C_2H_6O）：色谱纯。

④ 丙酮（C_3H_6O）：色谱纯。

⑤ 无水硫酸钠（Na_2SO_4）：使用前在马弗炉中于 450℃烘烤 2h，冷却后，贮于磨口玻璃瓶中密封保存。

⑥ 十氟三苯基膦（DFPTT）：$\rho = 5mg/L$（二氯甲烷溶剂）。可直接购买市售有证标准溶液，或用高浓度标准溶液配制。

⑦ 替代物贮备溶液：$\rho = 2000\mu g/mL$。分别称取二氟联苯和对三联苯-d_{14}（纯度≥99%）约 0.1g，准确到 0.1mg，于 50mL 容量瓶中，用少量二氯甲烷溶解后，用正己烷稀释至刻度。

⑧ 替代物使用溶液：$\rho = 40\mu g/mL$。取 0.50mL 替代物贮备溶液于 25mL 容量瓶中，用正己烷稀释至刻度。

⑨ 内标贮备溶液：$\rho = 2000\mu g/mL$。直接购买市售有证标准溶液，含萘-d_8、苊-d_{10}、菲-d_{10}、䓛-d_{12}。

⑩ 内标使用溶液：$\rho = 400\mu g/mL$。将内标贮备溶液用正己烷稀释为 400mg/L 备用。

⑪ 多环芳烃类标准贮备液：$\rho = 2000mg/L$。直接购买市售有证标准溶液，包括萘、苊烯、苊、芴、菲、蒽、荧蒽、芘、䓛、苯并 [a] 蒽、苯并 [b] 荧蒽、苯并 [k] 荧蒽、苯并 [a] 芘、二苯并 [a,h] 蒽、苯并 [g,h,i] 苝、茚并 [$1,2,3-c,d$] 芘，4℃以下密封避光保存，或参考生产商推荐的保存条件。

⑫ 多环芳烃标准中间液：$\rho = 200mg/L$。分别移取多环芳烃标准贮备液和替代物贮备液 1.00mL 于 10mL 容量瓶中，用正己烷稀释至刻度，混匀。

⑬ 多环芳烃标准使用液，$\rho = 20mg/L$。分别取多环芳烃标准中间液 1.00mL，用正己烷稀释至 10mL 容量瓶中，混匀。

⑭ 样品提取液：（1＋9）（体积分数）乙醚/正己烷混合溶液。

⑮ 淋洗液 1：（2＋3）（体积分数）二氯甲烷/正己烷混合溶液。

⑯ 淋洗液 2：（1＋1）（体积分数）二氯甲烷/正己烷混合溶液。

⑰ 柱层析硅胶：试剂级，100～200 目，孔径 3nm 或 6nm。使用前，放在浅盘中 130℃烘烤活化 16h，取出放在干燥器中冷却后，装入玻璃瓶中备用。必要时，活化前使用二氯甲烷浸洗。

⑱ 硅胶固相柱或弗罗里硅土固相柱：1000mg/6mL，亦可根据杂质含量选择适宜容量的商业化硅胶或弗罗里硅土固相柱。

⑲ 超细玻璃纤维滤膜或石英纤维滤膜：根据采样流量选择相应规格的滤膜。滤膜对 0.3μm 标准粒子的截留效率不低于 99%。在气流速度为 0.45m/s 时，单张滤膜阻力不大于 3.5kPa，在此气流速度下，抽取经高效过滤器净化的空气 5h，每平方厘米的失重不大于 0.012mg。使用前在马弗炉中于 400℃加热 5h 以上，冷却，用铝箔包好，保存于滤膜盒，保证滤膜在采样前和采样后不受沾污，并在采样前处

于平展不受折状态。

⑳ 玻璃纤维滤筒（石英滤筒）：对 $0.5\mu m$ 标准粒子的截留效率不低于 99.9%，使用前在马弗炉中于 $600℃$ 加热 6h 以上，冷却，密封保存，保证滤筒没有折痕。必要时依次用丙酮、二氯甲烷回流提取，溶剂挥干后封存备用。

㉑ XAD-2 树脂（苯乙烯-二乙烯基苯聚合物）：使用前用二氯甲烷回流提取 16h 后，更换二氯甲烷继续回流提取 16h，再用乙醚/正己烷提取液回流提取 16h，然后放置在通风橱中将溶剂挥干（亦可采用 $50℃$ 真空干燥 8h）。贮存于干净广口玻璃瓶中密封保存。

㉒ 聚氨酯泡沫（PUF）：聚醚型，密度为 $22\sim25mg/cm^3$，切割成长 $10\sim20mm$ 的圆柱体（直径根据玻璃采样筒的规格确定）。首次使用前用蒸馏水清洗，沥干水分，用丙酮清洗三次，放入索氏提取器，依次用丙酮回流提取 16h，乙醚/正己烷提取液回流提取 16h，更换 $2\sim3$ 次乙醚/正己烷提取液回流，每次回流提取 16h。然后取出，将溶剂挥干或氮气吹干（亦可采用 $50℃$ 真空干燥 8h）。用铝箔包好放于合适的容器内密封保存。必要时，用丙酮使 PUF 恢复原形，再挥发干溶剂。也可购买市售经预处理的 PUF。

㉓ 氮气：纯度≥99.999%。

㉔ 玻璃棉：使用前用二氯甲烷浸洗，待挥去溶剂后密封保存。

五、实验步骤

（一）样品采集

五环以上的多环芳烃主要存在于颗粒物，可用玻璃纤维（石英）滤膜/滤筒采集；二环、三环多环芳烃主要存在于气相，可以穿过玻璃纤维（石英）滤膜/滤筒，可用 XAD-2 树脂和聚氨酯泡沫（PUF）采集；四环多环芳烃在两相同时存在，必须同时用玻璃纤维（石英）滤膜/筒、树脂和聚氨酯泡沫采集样品。

现场采样前要对采样器的流量进行校正，依次安装好滤膜夹、吸附剂套筒，连接于采样器，调节采样流量，开始采样。采样结束后打开采样头上的滤膜夹，用镊子轻轻取下滤膜，采样面向里对折，从吸附剂套筒中取出采样筒，与对折的滤膜一同用铝箔纸包好，放入原来的盒中密封。采样后进行流量校正。

（二）试样的制备

1. 样品提取

将滤膜或滤筒和玻璃采样筒直接放在索氏提取器中。如果玻璃采样筒内的树脂和 PUF 转移到索氏提取器中，用一定量乙醚/正己烷提取液 [$(1+9)$ 乙醚/正己烷混合溶液] 冲洗玻璃采样筒，冲洗液转移到提取器中，于树脂上添加 $100\mu L$ 替代物使用液，加入适量乙醚/正己烷提取液，以每小时回流不少于 4 次的速度提取 16h。回流提取完毕，冷却至室温，取出底瓶，清洗提取器及接口处，将清洗液一并转移入底瓶，再加入少许无水硫酸钠至硫酸钠颗粒可自由流动，放置 30min。

2. 样品浓缩

提取液转移入浓缩瓶中，温度控制在 45℃ 以下浓缩至 5.0mL 以下，加入 5～10mL 正己烷，继续浓缩，将溶剂完全转为正己烷，浓缩至 1.0mL 以下。如不需净化，加入 10.0μL 内标使用液，定容至 1.0mL，转移到样品瓶中待分析。制备的样品在 4℃ 以下冷藏保存，30d 内完成分析。

（三）样品的净化

1. 硅胶层析柱净化

玻璃层析柱依次填入玻璃棉、以二氯甲烷为溶剂湿法填充 10g 活化硅胶，最后填 1～2cm 高无水硫酸钠。柱子装好后用 20～40mL 二氯甲烷冲洗层析柱 2 次，确保液面保持在硫酸钠表面以上，不能流干，再用 40mL 正己烷冲洗层析柱，关闭活塞。把样品提取液转移入柱内，用 1～2mL 正己烷清洗提取液瓶，并转移到层析柱内，流出液弃去。用 25mL 正己烷洗脱层析柱，弃去流出液。用 30mL 二氯甲烷/正己烷淋洗液 1 洗脱层析柱，以 2～5mL /min 流速接收流出液于浓缩瓶中。流出液浓缩，溶剂换为正己烷，浓缩至 1.0mL 以下，加入 10.0μL 内标使用液，定容至 1.0mL，转移到样品瓶中待分析。制备的样品在 4℃ 以下冷藏保存，30d 内完成分析。

2. 硅胶或弗罗里硅土固相萃取柱净化

取 1g 硅胶或弗罗里硅土固相萃取柱，将其固定在固相萃取净化装置上。依次用 4mL 二氯甲烷、10mL 正己烷冲洗柱床，待柱内充满正己烷后关闭流速控制阀浸润 5min，打开控制阀，弃去流出液。在溶剂流干之前，关闭控制阀。将浓缩后的样品提取溶液全部转移至柱内，打开控制阀，用 2～3mL 的正己烷洗涤装样品的浓缩瓶两次，将洗涤液转移到固相柱，用 10mL 二氯甲烷/正己烷淋洗液 2 ［(1＋1) 二氯甲烷/正己烷混合溶液］洗脱固相柱，收集流出液于浓缩瓶中。待淋洗液流过硅胶柱后关闭流速控制阀，浸润 5min，再打开控制阀，继续接收流出液至完全流出。流出液浓缩至 1.0mL 以下，加入 10.0μL 内标使用液，定容至 1.0mL，转移到样品瓶中待分析。制备的样品在 4℃ 以下冷藏保存，30d 内完成分析。

3. 全程序空白和运输空白

每采集一批样品，至少保证一个运输空白和全程序空白。

（四）分析步骤

1. 仪器的参考条件

（1）气相色谱的参考条件　进样口温度：250℃。进样方式：不分流进样，在时间 0.75min 分流，分流比 60∶1。程序升温：70℃（保持 2min）$\xrightarrow{10℃/min}$ 320℃（保持 6min）。载气（氦气）流量：1.0mL /min。进样量：1.0μL。

（2）质谱参考条件　离子源：EI 源；离子源温度：230℃；离子化能量：70eV；扫描方式：全扫描或选择离子扫描（SIM）。扫描范围：m/z 35～500amu；

溶剂延迟：6.0min；电子倍增电压：与调谐电压一致；传输线温度：280℃。其余参数参照仪器使用说明书进行设定。

2. 化合物的定性定量方法

（1）定性分析 以全扫描或选择离子方式采集数据，以样品中相对保留时间（RRT）、辅助定性离子和目标离子峰面积比（Q）与标准溶液中的变化范围来定性。样品中目标化合物的相对保留时间与标准曲线该化合物的相对保留时间的差值应在±0.03内。样品中目标化合物的辅助定性离子和定量离子峰面积比（$Q_{样品}$）与标准曲线目标化合物的辅助定性离子和定量离子峰面积比（$Q_{标准}$）相对偏差控制在±30％以内。

按下式计算相对保留时间 RRT：

$$RRT = \frac{RT_c}{RT_{is}}$$

式中 RT_c——目标化合物的保留时间，min；

RT_{is}——内标物的保留时间，min。

按下式计算辅助定性离子和定量离子峰面积比（Q）：

$$Q = \frac{A_q}{A_t}$$

式中 A_t——定量离子峰面积；

A_q——辅助定性离子峰面积。

（2）定量方法 按条件进行分析，得到多环芳烃的质量色谱图，根据定量离子的峰面积，采用内标法定量。多环芳烃的标准谱图见图 4-4，定量离子、各目标化合物的内标见表 4-5。

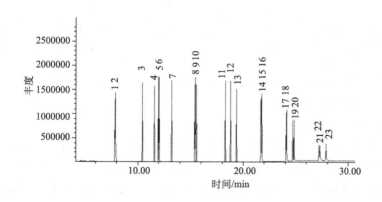

图 4-4 多环芳烃标准总离子流图

1—萘-d_8；2—萘；3—2-氟联苯；4—苊烯；5—苊-d_{10}；6—苊；7—芴；8—菲-d10；9—菲；

10—蒽；11—荧蒽；12—芘；13—对三联苯-d_{14}；14—苯并 [a] 蒽；15—䓛-d_{12}；16—䓛；

17—苯并 [b] 荧蒽；18—苯并 [k] 荧；19—苯并 [a] 芘；20—苝-d_{12}；21—茚并

[1，2，3-c，d] 芘；22—二苯并 [a，h] 蒽；23—苯并 [g，h，i] 苝

表 4-5 定量离子、各目标化合物的内标

序号	化合物名称	定量离子（目标离子）	辅助定量离子	化合物类型	定量内标
1	萘-d$_8$	136	68,137	内标 1	
2	萘	128	129,127	目标化合物	内标 1
3	2-氟联苯	172	171,173	替代物 1	内标 2
4	苊烯	152	151,153	目标化合物	内标 2
5	苊-d$_{10}$	164	162	内标 2	
6	苊	154	153,152	目标化合物	内标 2
7	芴	166	165,167	目标化合物	内标 3
8	菲-d$_{10}$	188	94	内标 3	
9	菲	178	179,176	目标化合物	内标 3
10	蒽	178	179,176	目标化合物	内标 3
11	荧蒽	202	101,203	目标化合物	内标 3
12	芘	202	101,203	目标化合物	内标 3
13	对三联苯-d$_{14}$	244	122,212	替代物 1	内标 4
14	苯并[a]蒽	228	114,226,229	目标化合物	内标 4
15	䓛-d$_{12}$	240	241,120	内标 4	
16	䓛	228	114,226,229	目标化合物	内标 4
17	苯并[b]荧蒽	252	126,253	目标化合物	内标 5
18	苯并[k]荧蒽	252	126,253	目标化合物	内标 5
19	苯并[a]芘	252	126,253	目标化合物	内标 5
20	苝-d$_{12}$	264	260,265	内标 5	
21	茚并[$1,2,3-c,d$]芘	276	138,227	目标化合物	内标 5
22	二苯并[a,h]蒽	278	139,279	目标化合物	内标 5
23	苯并[g,h,i]芘	276	138,277	目标化合物	内标 5

（五）标准曲线的绘制

1. 标准系列的配制

在 6 个 2mL 棕色样品瓶中，依次加入 980μL、950μL、900μL、800μL、600μL、500μL 正己烷，再依次加入 20μL、50μL、100μL、200μL、400μL、500μL 多环芳烃标准使用液，在每个瓶中准确加入 10μL 内标使用溶液，配制 PAHs 浓度分别为 0.4mg/L、1.0mg/L、2.0mg/L、4.0mg/L、8.0mg/L、10.0mg/L 标准系列。

2. 标准曲线的建立

以 $\dfrac{A_s \rho_{is}}{A_{is}}$ 为纵坐标，多环芳烃标准溶液浓度为横坐标，用最小二乘法建立标准曲线，标准曲线的相关系数≥0.990。若标准曲线的相关系数小于 0.990，也可采用非线性拟合曲线进行校准，但是应至少采用 6 个浓度点［注：A_s 为标准溶液中待测化合物的定量离子的峰面积；A_{is} 为内标化合物定量离子的峰面积；ρ_{is} 为内标化合物的浓度（$\mu g/mL$）］。

（六）样品的测定

将处理好的并放至室温的样品注入气相色谱-质谱仪，按照仪器参考条件进行样品测定。根据目标化合物和内标定量离子的峰面积计算样品中目标化合物的浓度。

（七）空白实验

在分析样品的同时，应做空白实验，按与样品测定相同步骤分析，检查分析过程中是否有污染。

六、结果处理

样品中目标化合物的质量浓度按下式计算：

$$\rho = \frac{\rho_i \times V}{V_s}$$

式中　ρ——样品中目标化合物的质量浓度，$\mu g/m$；

ρ_i——从平均相对响应因子或标准曲线得到目标化合物的质量浓度，$\mu g/mL$；

V——样品的浓缩体积，mL；

V_s——标准状况下的采样总体积，m^3。

七、注意事项

① 使用氘代多环芳烃作为采样过程替代物。当采样体积超过 $350m^3$，采集样品前向滤膜表面逐滴均匀定量加入采样替代物（加入量以不超过曲线上限为宜），避光放置 1h，启动采样泵开始采样。样品分析的同时测定采样过程回收率指示物的含量，采样过程回收率指示物的回收率为 50%～150%。

② 采样筒空白检查：每批大约 20 个采样筒和玻璃纤维滤膜/筒测定一个空白，聚氨酯泡沫 PUF＋XAD-2 树脂和玻璃纤维滤膜/筒空白中萘、菲＜50ng，其他＜10ng。

③ 空白加标的回收率一般控制在 75%～125%（萘、苊烯除外），但不得超出 50%～150% 范围。

实验七　废气中汞的测定——冷原子吸收分光光度法

汞具有较大的挥发性，属极度危害毒物，人吸入后引起中毒、危害神经系统等症状。它来源于汞矿开采和冶炼、某些仪表制造、有机合成化工等生产过程排放和逸散的废气和粉尘。大气中汞的测定方法有分光光度法、冷原子吸收分光光度法、冷原子荧光分光光度法、中子活化法等。

一、实验目的

① 了解冷原子吸收法测定汞的原理，掌握冷原子吸收测汞仪的使用方法。
② 掌握冷原子吸收法测定废气中汞的原理和操作技术。

二、实验原理

废气中的汞被酸性高锰酸钾溶液吸收并氧化形成汞离子，汞离子被氯化亚锡还原为原子态汞，用载气将汞蒸气从溶液中吹出带入测汞仪，用冷原子吸收分光光度法测定汞的含量。

三、仪器

① 烟气采样器：流量范围 $0\sim1L/min$。
② 大型气泡吸收管：10mL。
③ 冷原子吸收测汞仪。
④ 汞反应瓶。
⑤ 汞吸收塔：250mL 玻璃干燥塔，内填充碘-活性炭。为保证碘-活性炭的效果，使用 $1\sim2$ 个月后，应重新更换。

四、试剂

① 浓盐酸：$\rho(HCl)=1.19g/mL$，优级纯。
② 硫酸：$\rho(H_2SO_4)=1.84g/mL$，优级纯。
③ 高锰酸钾（$KMnO_4$）：优级纯。
④ 氯化汞（$HgCl_2$）：优级纯。
⑤ 硫酸溶液：1+10。量取 10.0mL 浓硫酸至 100mL 水中。
⑥ 硫酸溶液：$c(1/2H_2SO_4)=0.5mol/L$。取 6.9mL 浓硫酸徐徐加入 400mL 水中，冷却后用水稀释至 500mL。
⑦ 硫酸溶液：$c(1/2H_2SO_4)=1.0mol/L$。取 13.8mL 优级纯浓硫酸徐徐加入 400mL 水中，冷却后用水稀释至 500mL。
⑧ 高锰酸钾溶液：$c(1/5KMnO_4)=0.1mol/L$。称取 3.2g 高锰酸钾，用水溶

解并稀释到 1000mL。过滤后，滤液贮存于棕色瓶中备用。

⑨ 吸收液：将 0.1mol/L 高锰酸钾溶液与 10％硫酸溶液等体积混合，使用前配制。

⑩ 氯化亚锡甘油溶液：$w(SnCl_2 \cdot 2H_2O)＝25\%$。称取 25.0g 氯化亚锡于 150mL 烧杯中，加 10.0mL 浓盐酸，搅拌使其溶解，加入甘油 90mL，冷却后贮于棕色瓶中。

⑪ 盐酸羟胺溶液：$\rho(NH_2OH \cdot HCl)＝100g/L$。称取 10.0g 盐酸羟胺（$NH_2OH \cdot HCl$）用少量水溶解，并用水稀释至 100mL。

⑫ 汞标准贮备液：$\rho(Hg)＝1000\mu g/mL$。称取 0.1354g 氯化汞，溶于 0.5 mol/L 硫酸溶液中，移入 100mL 容量瓶中，以 0.5mol/L 硫酸溶液稀释至标线。此溶液每毫升含 $1000\mu g$ 汞。

⑬ 汞标准中间液：$\rho(Hg)＝10.0\mu g/mL$。吸取氯化汞标准贮备液 1.00mL，移入 100mL 容量瓶中，用 0.5mol/L 硫酸溶液稀释至标线。此溶液每毫升相当于含 $10.0\mu g$ 汞。

⑭ 汞标准使用液：$\rho(Hg)＝1.00\mu g/mL$。临用前，吸取氯化汞标准中间液 10.00mL，移入 100mL 容量瓶中，用 0.5mol/L 硫酸溶液稀释至标线。此溶液每毫升相当于含 $1.00\mu g$ 汞。

⑮ 碘-活性炭：称取 10g 碘（I_2）和 20g 碘化钾（KI）于烧杯中，再加入 200mL 蒸馏水或去离子水，配成溶液，然后向溶液中加入约 100g 活性炭，用力搅拌至溶液脱色后倾出溶液，将活性炭在 100～110℃烘干，置于干燥器中备用。

⑯ 氮气（N_2）：纯度≥99.999％。

五、实验步骤

1. 样品的采集、保存和制备

按照 GB/T 16157 进行烟气采样。在采样装置上串联两支各装 10mL 吸收液的大型气泡吸收管，以 0.3L/min 流量，采样 5～30min。

采样结束后，封闭吸收管进出气口，置于样品箱内运输，并注意避光，样品采集后应尽快分析。若不能及时测定，应置于冰箱内 0～4℃保存，5d 内测定。

采样后，将两支吸收管中的吸收液合并移入 25mL 容量瓶中，用吸收液洗涤吸收管 1～2 次，洗涤液并入容量瓶中，用吸收液稀释至标线，摇匀。

2. 现场空白

将两支装有 10mL 吸收液的大型气泡吸收管带至采样点，不连接烟气采样器，并与样品在相同的条件下保存、运输，直到送交实验室分析，运输过程中应注意防止沾污。按试样的制备方法制备空白试样。

3. 标准曲线的绘制

取 7 支汞反应瓶，按表 4-6 配制汞标准系列。

表 4-6　汞标准系列

瓶　　号	0	1	2	3	4	5	6
汞标准使用液/mL	0	0.10	0.20	0.40	0.60	0.80	1.00
吸收液/mL	5.0	4.9	4.8	4.6	4.4	4.2	4.0
汞含量/μg	0	0.10	0.20	0.40	0.60	0.80	1.00

将各瓶摇匀后放置 10min，滴加 10％盐酸羟胺溶液，至紫红色和沉淀完全褪去为止。在瓶中加 1.0mol/L 硫酸溶液至 25mL，再加 25％氯化亚锡甘油溶液 3.0mL，迅速盖严瓶塞。

按测汞仪操作程序进行测定，以仪器的响应值对汞含量（μg）绘制标准曲线，并算出标准曲线的线性回归方程。

4. 样品的制备和测定

吸取适量试样，放入汞反应瓶中，用吸收液稀释至 5.0mL。按标准曲线的绘制步骤进行试料和空白试料的测定，并记录仪器的响应值。

六、结果处理

根据所测得的试料和空白试料的响应值，由线性回归方程计算试料和空白试料中的汞含量。并由下式计算固定污染源废气中的汞的质量浓度（μg/m³）。

$$\rho = \frac{m_1 - m_0}{V_s} \times \frac{V_t}{V_a}$$

式中　ρ——固定污染源废气中的汞的质量浓度，μg/m³；

m_1——试料中的汞含量，μg；

m_0——空白试料中的汞含量，μg；

V_a——测定时所取试样溶液体积，mL；

V_t——试样溶液总体积，mL；

V_s——标准状态（101.325kPa，273K）下干气的采样体积，m³。

七、注意事项

① 橡皮管对汞有吸附，采样管与吸收管之间采用聚乙烯管连接，接口处用聚四氟乙烯生料带密封；当汞浓度较高时，可使用大型冲击式吸收采样瓶。

② 温度对测定灵敏度有影响，当室温低于 10℃时不利于汞的挥发，灵敏度较低，应采取增高操作间环境温度的办法来提高汞的气化效率。并要注意标准溶液和试样温度的一致性。

③ 全部玻璃器皿在使用前要用 10％硝酸溶液浸泡过夜或用（1＋1）硝酸溶液浸泡 40min，以除去器壁上吸附的汞。

④ 测定样品前必须做试剂空白实验，空白值应不超过 0.005mg 汞。

第五章 土壤质量监测实验

实验一 土壤中总铬的测定——火焰原子吸收分光光度法

由于各类土壤成土母质不同，铬的含量差别很大。土壤中铬的背景值一般为 20~200mg/kg。铬在土壤中的主要以 +6 价和 +3 价两种形态存在，其存在形态和含量取决于土壤 pH 和污染程度等。铬的 +6 价化合物迁移能力强，其毒性和危害大于 +3 价。在一定的条件下，+6 价和 +3 价的铬可以相互转化。测定土壤中铬的方法主要有火焰原子吸收光谱法、分光光度法和等离子体发射光谱法。

一、实验目的

① 掌握全消解法和微波消解法分解土壤样品的原理和操作技术。
② 掌握火焰原子吸收光谱法的原理和测定铬的操作技术。

二、实验原理

采用盐酸-硝酸-氢氟酸-高氯酸全分解的方法消解土壤样品，在消解过程中，所有铬都被氧化成 $Cr_2O_7{}^{2-}$。然后，将消解液喷入富燃性空气-乙炔火焰中。在火焰的高温下，形成铬基态原子，并对铬空心阴极灯发射的特征谱线在 357.9nm 处产生选择性吸收。在选择的最佳测定条件下，测定铬的吸光度。测得样品的吸光度扣除全程序试剂空白吸光度，根据标准曲线计算土壤中铬的含量。

三、仪器

① 原子吸收分光光度计、带铬空心阴极灯：不同型号仪器的最佳测定条件不同，可根据仪器使用说明书自行选择。通常采用表 5-1 中的测量条件。

表 5-1 仪器测量条件

元　素	Cr	元　素	Cr
测定波长/nm	357.9	次灵敏线/nm	359.0;360.5;425.4
通带宽度/nm	0.7	燃烧器高度	8mm(使空心阴极灯光斑
火焰性质	还原性		通过火焰亮蓝色部分)

② 微波消解仪：微波消解仪采用表 5-2 中的升温程序。

表 5-2 微波消解仪升温程序

升温时间/min	消解温度/℃	保持时间/min	升温时间/min	消解温度/℃	保持时间/min
5.0	120	1.0	4.0	180	10.0
3.0	150	5.0	6.0	210	30.0

四、试剂

① 盐酸（HCl）：$\rho=1.19g/mL$，优级纯。

②（1＋1）盐酸溶液：等体积的水与浓盐酸混合。

③ 硝酸（HNO_3）：$\rho=1.42g/mL$，优级纯。

④ 氢氟酸（HF）：$\rho=1.49g/mL$。

⑤ 10％氯化铵水溶液：$\rho=100g/L$。准确称取 10g 氯化铵（NH_4Cl），用少量水溶解后全量转移入 100mL 容量瓶中，用水定容至标线，摇匀。

⑥ 铬标准储备液：$\rho=1.000mg/mL$。准确称取 0.2829g 基准重铬酸钾（$K_2Cr_2O_7$），用少量水溶解后全量转移入 100mL 容量瓶中，用水定容至标线，摇匀，冰箱中 2～8℃ 保存，可稳定 6 个月。

⑦ 铬标准使用液：$\rho=50.0mg/L$。移取铬标准贮备液 5.00mL 于 100mL 容量瓶中，加水定容至标线，摇匀，临用时现配。

⑧ 高氯酸（$HClO_4$）：$\rho=1.68g/mL$，优级纯。

五、实验步骤

1. 采集与加工

将采集的土壤样品（一般不少于 500g）混匀后用四分法缩分至约 100g。缩分后的土样经风干（自然风干或冷冻干燥）后，除去土样中石子和动植物残体等异物，用木棒（或玛瑙棒）压碎，通过 2mm 尼龙筛（除去 2mm 以上的沙砾），混匀。用玛瑙研钵将通过 2mm 尼龙筛的土样研磨至全部通过 100 目（孔径 0.149mm）尼龙筛，混匀后备用。

2. 试样的制备

（1）全消解方法　准确称取 0.2～0.5g（精确至 0.0002g）试样于 50mL 聚四氟乙烯坩埚中，用水润湿后加入 10mL 盐酸，于通风橱内的电热板上低温加热，使样品初步分解，待蒸发至约剩 3mL 时，取下稍冷，然后加入 5mL 硝酸、5mL 氢氟酸、3mL 高氯酸，加盖后于电热板上中温加热 1h 左右，然后开盖，电热板温度控制在 150℃，继续加热除硅，为了达到良好的飞硅效果，应经常摇动坩埚。当加热至冒浓厚高氯酸白烟时，加盖，使黑色有机碳化物分解。待坩埚壁上的黑色有机物消失后，开盖，驱赶白烟并蒸至内容物呈黏稠状。视消解情况，可再补加 3mL 硝酸、3mL 氢氟酸、1mL 高氯酸，重复以上消解过程。取下坩埚稍冷，加入 3mL 1＋1 盐酸溶液，温热溶解可溶性残渣，全量转移至 50mL 容量瓶中，加入 5mL 氯化铵水溶液，冷却后用水定容至标线，摇匀。

（2）微波消解法　准确称取 0.2g（精确至 0.0002g）试样于微波消解罐中，用少量水润湿后加入 6mL 硝酸、2mL 氢氟酸，按照一定升温程序进行消解，冷却后将溶液转移至 50mL 聚四氟乙烯坩埚中，加入 2mL 高氯酸，电热板温度控制在 150℃，驱赶白烟并蒸至内容物呈黏稠状。取下坩埚稍冷，加入盐酸溶液 3mL，温热溶解可溶性残渣，全量转移至 50mL 容量瓶中，加入 5mL 氯化铵水溶液，冷却后定容至标线，摇匀。

3. 标准曲线

准确移取铬标准使用液 0.00mL、0.50mL、1.00mL、2.00mL、3.00mL、4.00mL 于 50mL 容量瓶中，然后，分别加入 5mL 氯化铵水溶液、3mL 盐酸溶液，用水定容至标线，摇匀，其铬的质量浓度分别为 0mg/L、0.50mg/L、1.00mg/L、2.00mg/L、3.00mg/L、4.00mg/L。此质量浓度范围应包括试液中铬的质量浓度。按仪器测量条件由低到高质量浓度顺序测定标准溶液的吸光度。

用减去空白的吸光度与相对应的铬的质量浓度（mg/L）绘制标准曲线。

4. 空白实验

用去离子水代替试样，采用和试液制备相同的步骤和试剂，制备全程序空白溶液，并按与标准曲线相同条件进行测定。每批样品至少制备 2 个以上的空白溶液。

5. 样品的测定

取适量试液，并按与标准曲线相同条件测定试液的吸光度。由吸光度值在标准曲线上查得铬质量浓度。

六、结果处理

土壤样品中铬的含量 $w(\text{mg/kg})$ 按下式计算：

$$w = \frac{\rho \times V}{m \times (1-f)}$$

式中 ρ——试液的吸光度减去空白溶液的吸光度，然后在标准曲线上查得铬的质量浓度，mg/L；

V——试液定容的体积，mL；

m——称取试样的质量，g；

f——试样中水分的含量，%。

七、注意事项

① 实验所用的玻璃器皿需先用洗涤剂洗净，再用（1+1）硝酸溶液浸泡 24h（不得使用重铬酸钾洗液），使用前再依次用自来水、去离子水洗净。

② 铬易形成耐高温的氧化物，其原子化效率受火焰状态和燃烧器高度的影响较大，需使用富燃烧性（还原性）火焰。

③ 加入氯化铵可以抑制铁、钴、镍、钒、铝、镁、铅等共存离子的干扰。

④ 由于土壤种类较多，所含有机质差异较大，在消解时，应注意观察，各种酸的用量可视消解情况酌情增减；电热板温度不宜太高，否则会使聚四氟乙烯坩埚变形；样品消解时，在蒸至近干过程中需特别小心，防止蒸干，否则待测元素会有损失。

实验二 土壤中砷的测定——二乙基二硫代氨基甲酸银分光光度法

土壤中砷的背景值一般在 0.2～0.4mg/kg，而受砷污染的土壤，砷的质量分数可高达 550mg/kg。砷在土壤中以五价和三价两种价态存在，大部分被土壤胶体吸附或与有机物络合、螯合；或与铁、铝、和钙等离子形成难溶性砷化物。砷是植物强烈吸收和积累的元素，土壤被砷污染后，农作物中砷含量必然增加，从而危害人和动物的健康。

一、实验目的

① 了解二乙基二硫代氨基甲酸银分光光度法测定砷的原理。

② 掌握测定土壤中砷的原理和操作技术。

二、实验原理

用硫酸-硝酸-高氯酸体系消解土壤，使各种形态存在的砷转化为可溶态离子进入溶液。在碘化钾存在下，用氯化亚锡将五价砷还原为三价砷，三价砷被锌粒与酸反应生成的新生态氢还原为气态砷化氢。逸出的砷化氢气体，被二乙基二硫代氨基甲酸银（Ag-DDTC）-三乙醇胺-氯仿溶液吸收，Ag-DDTC 中的银离子被还原成红棕色胶态银，于波长 510nm 处测量吸光度，以间接法测定砷的含量。

三、仪器

① 分光光度计：配 10mm 比色皿；

② 砷化氢发生器。

四、试剂

① 盐酸（HCl）：$\rho=1.19\text{g/mL}$，优级纯。

② 硝酸（HNO_3）：$\rho=1.42\text{g/mL}$，优级纯。

③（1+1）硫酸（H_2SO_4）：把等体积的水慢慢加入到等体积的硫酸中。

④ 氯化亚锡溶液：$\rho=400\text{g/L}$。称取 40g 氯化亚锡（$SnCl_2 \cdot 2H_2O$），溶于 40mL 浓盐酸中，用水稀释至 100mL，投入 3～5 粒金属锡粒。

⑤ 乙酸铅棉花：将脱脂棉浸入乙酸铅溶液 $[\rho（PbOAC）=100\text{g/L}]$ 中，2h 后取出，自然干燥后，贮存于密封的容器中。

⑥ 锌粒：含砷在 0.1ng/kg 以下，3 粒不重于 1g。

⑦ 二乙基二硫代氨基甲酸银-三乙醇胺-氯仿溶液：称取 0.25g 二乙基二硫代氨基甲酸银 [Ag-DDTC]，研碎后用少量氯仿（$CHCl_3$）溶解，加入 1.0mL 三乙醇

胺［N（CH₂CH₂OH）₃］，再用氯仿稀释至 100mL，静置，过滤至棕色瓶内，贮于冰箱中。

⑧ 碘化钾溶液：$\rho=150g/L$。称取 15g 碘化钾（KI）溶于水中，稀释至 100mL。贮于棕色中。

⑨ 砷标准贮备溶液：$\rho=100\mu g/mL$。称取 0.1320g 预先在 105℃烘 2h 的高纯三氧化二砷（As₂O₃），溶解于 8mL0.5mol/L 氢氧化钠溶液中，用（1+1）硫酸中和至微酸性，用水移入 1000mL 容量瓶中并稀释至刻度，摇匀。此溶液 1mL 含 100μg 砷。

⑩ 砷标准溶液：$\rho=1.00\mu g/mL$。吸取 10.0mL 砷标准贮备溶液于 1000mL 容量瓶中，用水稀释至刻度，摇匀。此溶液 1mL 含 1.00μg 砷。

五、实验步骤

1. 采集与加工

与本章"实验一　土壤中总铬的测定——火焰原子吸收分光光度法"相同。

2. 试样的处理

称取 0.50～1.0g 风干土样，放入砷化氢发生器的三角瓶中，滴加 2～3 滴水湿润土壤试样。加 10～15mL 浓硝酸，加热数分钟后取出冷却。再加 2mL 浓硫酸，摇匀，先低温（约 100℃）消煮 1h，然后逐渐升温至约 250℃（调压变压器控制），消煮至土壤样品变为灰白色。若尚未完全变为灰白色，再补加 5mL 浓硝酸，继续消煮，待硫酸冒烟后，再蒸至近干，取下三角瓶冷却。用水吹洗瓶壁，继续蒸发至冒白烟为止，如此处理两次。加 20mL 水加热煮沸溶解后，移入 50mL 容量瓶中，摇匀。

3. 样品的测定

取部分或全部溶液置于砷化氢发生瓶中，加水至 50mL，加 8mL（1+1）硫酸溶液、2.5mL 碘化钾溶液、0.5mL 氯化亚锡溶液，摇匀，放置 15min。向吸收管中分别加入 5.0mL 二乙基二硫代氨基甲酸银-三乙醇胺-氯仿溶液，插入塞有乙酸铅棉花的导气管，迅速向发生瓶中倾入预先称好的 4g 锌粒，立即塞紧瓶塞，勿使漏气。在室温下反应 1h。最后用氯仿将吸收液体积补充到 5.0mL，在 1h 内于波长 510nm 处，用 10mm 吸收皿，以试样空白为参比，测定吸光度。

4. 标准曲线的绘制

吸取 0mL、0.50mL、2.50mL、5.00mL、7.50mL、10.0mL 砷标准溶液（1μg/mL），分别置于砷化氢发生瓶中，加水至 50mL，加 8mL（1+1）硫酸，以下按试样测定步骤进行。此标准系列溶液分别为 0μg/mL、0.100μg/mL、0.50μg/mL、1.00μg/mL、1.50μg/mL、2.0μg/mL 砷。以下按测定步骤进行测定。并绘制标准曲线。

六、结果处理

土壤样品中砷的含量 $w(mg/kg)$ 按下式计算：

$$w=\frac{\rho \times V}{m \times (1-f)}$$

式中　ρ——试液的吸光度减去空白溶液的吸光度，然后在标准曲线上查得铬的质量浓度，mg/L；

　　　V——试液定容的体积，mL；

　　　m——称取试样的质量，g；

　　　f——试样中水分的含量，%。

七、注意事项

① 砷化氢有毒，吸收过程要在通风橱中进行。

② 在砷化氢发生前，每加一种试剂均需摇动，吸收管用后要洗净烘干。

③ 五价砷的还原作用与溶液温度有关，加入氯化亚锡后，应煮沸溶液5～10min。

实验三 土壤中有机氯农药的测定——气相色谱法

有机氯农药是第一代农药，是一类对环境构成严重威胁的人工合成环境激素，主要分为以苯为原料和以环戊二烯为原料两大类。有机氯农药可以通过皮肤、呼吸道和消化道进入机体，由于其具有高的辛醇系数，脂溶性很强，因而可在体内长时间滞留和蓄积。有机氯农药对人的危害更多的是通过食物富集、长期环境暴露而引发的致畸、致癌和致突变作用。测定土壤中有机氯农药最常用的方法是气相色谱法和气相色谱-质谱法。

一、实验目的

① 了解从土壤中提取有机氯农药的方法。

② 掌握气相色谱法测定有机氯农药的原理和操作技术。

二、实验原理

土壤中有机氯农药（OCPs）采用（1+1）丙酮/二氯甲烷在索氏提取器提取，用硅酸镁柱净化，浓缩后用带电子捕获检测器的气相色谱仪进行测定，根据保留时间进行定性，根据峰高（或峰面积）利用外标法进行定量分析。

三、仪器

① 气相色谱仪：配电子捕获检测器，具分流/不分流进样口，可程序升温。

② 色谱柱：石英毛细管色谱柱，$30m \times 0.25mm \times 0.25\mu m$，固定相为5％苯基-95％甲基聚硅氧烷，或使用其他等效性毛细管柱。

③ 浓缩装置：旋转蒸发装置或K-D浓缩器、浓缩仪，或同等性能的设备。

④ 索氏脂肪提取器：100mL。

⑤ 微量注射器：$1\mu L$。

⑥ 分液漏斗：聚四氟乙烯活塞。

四、试剂

① 无水硫酸钠（Na_2SO_4）：使用前在马弗炉中于450℃烘烤2h，冷却后，贮于磨口玻璃瓶中密封保存。

② 铜粉：用（1+1）稀硝酸浸泡去除表面氧化物，然后用水清洗干净，再用丙酮清洗，氮气吹干待用。临用前处理，保持铜粉表面光亮。

③ 硅酸镁吸附剂：农残级，100～200目。取适量放在玻璃器皿中，用铝箔盖住，然后在130℃下活化过夜（12h左右），置于干燥器中备用。临用前处理。

④ 玻璃层析柱：内径20mm左右，长10～20cm的带聚四氟乙烯阀门，下端具

筛板。

⑤ 硅酸镁层析柱：先将用有机溶剂浸提干净的脱脂棉填入玻璃层析柱底部，然后加入 10～20g 硅酸镁吸附剂。轻敲柱子，再添加厚 1～2cm 的无水硫酸钠。用 60mL 正己烷淋洗，避免填料中存在明显的空气。当溶剂通过柱子开始流出后关闭柱阀，浸泡填料至少 10min，然后打开柱阀继续加入正己烷，至全部流出，剩余溶剂刚好淹没硫酸钠层，关闭柱阀待用。如果填料干枯，需要重新处理。临用时装填。

⑥ 二氯甲烷（CH_2Cl_2）：色谱纯。

⑦ 正己烷（C_6H_{14}）：色谱纯。

⑧ 乙醚（C_2H_6O）：色谱纯。

⑨ 丙酮（C_3H_6O）：色谱纯。

⑩ 有机氯农药标准贮备液：$\rho = 1000～5000mg/L$。以正己烷为溶剂，使用纯品配制，或直接购买市售有证标准溶液。

⑪ 有机氯农药标准中间使用液：$\rho = 200～500mg/L$。用正己烷对有机氯农药标准贮备液进行适当稀释。

⑫ 硫酸钠溶液：$\rho = 150g/L$。

五、实验步骤

1. 样品的采集、保存和提取

采集有代表性的土壤样品，保存在磨口棕色玻璃瓶中。应尽快运回实验室进行分析，如暂不能分析，应在 4℃以下冷藏保存，保存时间为 10d。

称取过 60 目金属筛、有代表性的土样 20g（另称 20g 土样测含水量）置于烧杯中，加水 2mL、硅藻土 4g，充分拌匀后用滤纸包好，移入 100mL 索氏提取器中；将 50mL 正己烷和 50mL 丙酮混合后倒入提取器，使滤纸刚好浸泡完全，剩余的混合溶液倒入底瓶中。将试样浸泡 12h 后，在 70℃水浴中提取 4h。待冷却后将提取液移入 250mL 分液漏斗，用 20mL 正己烷分三次冲洗提取器底瓶，将洗涤液并入分液漏斗中。向分液漏斗加入 150g/L 硫酸钠溶液 150mL，振摇 300 次，静置分层后，弃去下层丙酮溶液，上层正己烷提取液供纯化用。

2. 样品的纯化和浓缩

将正己烷提取液移至硅酸镁层析柱内，使用 200mL（1+1）二氯甲烷/正己烷混合液淋洗层析柱，收集全部洗脱液。将洗脱液转入合适体积的旋转瓶中，浓缩至 2mL，转出的提取液需要再用小流量氮气浓缩至 1mL。

3. 气相色谱条件

进样口温度：250℃；检测器温度：300℃；采用不分流进样方式，进样量 1μL；进样 0.75min 后吹扫；柱流量 1.5mL/min。

柱箱温度：100℃保持 2min，以 10℃/min 速率升温到 150℃，再以 6℃/min 速率升温到 190℃；然后以 15℃/min 速率升温到 270℃，保温 15min。

4. 标准曲线的绘制

量取适量的有机氯农药标准中间使用液，加入到 5mL 容量瓶中配制 6 个不同浓度的标准系列，例如 $0.5\mu g/mL$、$1.0\mu g/mL$、$5.0\mu g/mL$、$10.0\mu g/mL$、$20.0\mu g/mL$、$50.0\mu g/mL$。

5. 样品的测定

取制备好的试样 $1.0\mu L$，注射到气相色谱仪中，采用与绘制标准曲线相同的仪器条件。记录色谱峰的保留时间和相应值。根据保留时间进行定性分析，对其峰面积用外标法进行定量计算。

6. 空白实验

使用 20g 石英砂替代土壤样品，按照与试样的预处理、测定相同步骤进行测定。

六、结果处理

土壤样品中的某种农药物含量 w（$\mu g/kg$），按照下式进行计算：

$$w = \frac{\rho \times V_{样}}{m(1-f)}$$

式中　w——样品中的某种农药的含量，$\mu g/kg$；

　　　ρ——由校准曲线计算所得某种农药的质量浓度，$\mu g/L$；

　　　$V_{样}$——浓缩定容体积，mL；

　　　m——试样量，g；

　　　f——试样中水分的含量，%。

七、注意事项

① 样品预处理使用有机溶剂具有毒性、易挥发性，预处理操作需要注意通风。

② 有机氯农药中属于较易挥发的那部分化合物（如六六六）浓缩时会有损失，特别是氮吹时应注意控制氮气流量，不要有明显涡流。采用其他浓缩方式时，应控制好加热的温度或真空度。

③ 邻苯二甲酸酯类是有机氯农药检测的重要干扰物，样品制备过程会引入邻苯二甲酸酯类的干扰。避免接触任何塑料材料，并且检查所有溶剂空白，保证这类污染物在检出限以下。

第六章　综合实验和设计实验

　　综合性实验和设计性实验是提高学生实践能力、创新能力、培养人才的重要环节。通过开设综合性、设计性实验使学生初步掌握环境监测的基本程序和方法，提高学生的创新思维和实际动手能力，培养学生实事求是的科学态度和勇于开拓的创新意识，充分调动学生在实验学习的主动性和创造性。

实验一　校园空气质量监测及评价

　　以某高校的一个校区为研究对象，对校园的空气质量状况进行监测和评价。要求用 SO_2、NO_2、CO、O_3、PM_{10} 和 $PM_{2.5}$ 六项污染物指标计算空气质量指数（AQI），表征空气质量。

一、实验目的和要求

　　① 在现场调查的基础上，根据布点采样原则，选择适宜的布点方法，确定采样频率及采样时间，掌握测定空气样品采样和测定方法。

　　② 根据六项污染物监测结果，计算空气质量指数（AQI），描述和评价学校的空气质量。

　　③ 通过实验进一步巩固课本知识，深入了解空气环境中各污染因子的具体采样方法、分析方法、误差分析及数据处理等方法。

　　④ 培养学生的团结协作精神及综合分析与处理问题的能力。

二、校园空气质量监测方案的制定

　　（一）调研和资料的收集

　　① 监测区域及周边大气污染源、数量、方位以及污染物的种类、排放量、排放方式，同时了解所用原料、燃料及消耗量。

　　② 监测区周边交通运输引起的污染情况。

　　③ 监测时段校园的气象资料，包括风向、风速、气温、气压、降水量和相对湿度等。

　　④ 监测区在城市中的地理位置。

　　⑤ 市、区环保局在学校或周边历年监测数据。

　　（二）采样点的布设

　　① 根据功能区布设采样点，如教学区、实验区、操场和居住区等。

　　② 校门口如靠近交通主干道的门口和车流量少的门口分别布点。

（三）采样时间和采样频率

根据污染状况和特定确定采样时间和频率，一般是每个点每天 3 次。

三、组织和分工

学生自由组合成立环境监测小组，整合监测方案，进行任务分工。准备领取仪器、试剂，配制试剂溶液和调试仪器。

四、测定方法的选择

测定 SO_2、NO_2、CO、O_3、PM_{10} 和 $PM_{2.5}$ 的方法有很多，比较各种方法的特点，根据实验的条件选择合适的测定方法。

由于学校所能提供的仪器有限，在方案实施计划中应统筹考虑仪器计划和时间安排。

五、现场采样、 实验室监测和数据处理

按计划进行现场采样，样品的保存和记录；数据的分析和处理。监测结果的原始数据要根据有效数字的保留规则正确书写，对于出现的可疑数据，首先从技术上查明原因，然后再用统计检验处理，经检验验证属离群数据应予剔除，以使测定结果更符合实际。

六、校园空气质量评价

（1）对监测结果讨论内容及方式　首先每一个采样点上的采样人员介绍采样点及周围环境；监测过程中出现的异常问题，对本组所得监测结果进行总结；找出本组各采样时段内不同指标的变化规律；与其他组的相应结果进行比较，得出本采样点周围的空气环境质量。

（2）对校园的空气质量评价　将校园的空气质量对照《环境空气质量标准》（GB 3095—2012），根据《环境空气质量指数（AQI）技术规定（试行）》计算AQI。分析校园空气质量现状，找出影响校园空气质量现状的原因，提出改善校园空气质量的建议和措施。

七、监测报告的编写

监测报告至少包括：监测小组成员、监测目的、现场调查、监测方法、试剂的配制、仪器的调试、样品的采集和保存、数据分析和处理以及和环保局数据的对比。另外要求每个学生都总结心得体会和提出建议。

实验二　某高校化学类实验室空气质量监测

化学类实验室是化学、化工、材料以及生命科学、生物学、环境科学等专业师生进行教学和科研的重要场所，即使在未做实验时，人们通常也可以闻到实验室的气味。这就是长期以来包括实验时释放的废气、备用药品试剂的挥发等得不到充分处理而造成的。它不仅造成实验室本身的环境污染，还对实验楼的其他实验室、周围的局部大气环境等造成污染，给师生的健康造成极大的危害。

实验室的空气污染物主要包括酸雾、丙酮、甲醛、苯系物和各种挥发物质等，主要来源于药品、试剂和样品的挥发，实验过程的中间产物，标气和载气的泄漏，实验室耐酸碱柜释放的气体等。为保护操作人员及周围人员的健康、保护周围环境，需要了解实验室空气中污染物的种类和浓度，为加强实验室的管理提供准确的监测数据。

对正在进行实验的实验室的实验过程污染排放进行监测，对其结果在校内公开并定期向当地环境监测部门通报，这不仅给环境专业学生提供实践训练机会和场所，也为学生今后从事室内环境监测和治理打下良好的基础。

具体的实验步骤同本章"实验一　校园空气质量监测及评价"。

实验三 某河流水质监测与评价

根据国家环保部的有关规定，河流评价项目为：水温、pH 值、电导率、溶解氧、高锰酸盐指数、五日生化需氧量、氨氮、汞、铅、挥发酚、石油类和流量。"某河流水质监测与评价"实验也要求学生测量这 12 个指标，要求学生通过查阅文献资料，收集河流的基础资料，根据现场调查确定监测断面和采样点，明确水样的采集和保存方法，根据国家或环保部规定标准分析方法，结合实验室条件，独立设计出实验方案，然后经过集体讨论、教师指导修订，形成可行的实验方案。教师提供必需的实验仪器和药品，由学生独立完成实验任务。根据实验结果，依据《地表水环境质量标准》（GB 3838—2002）对河流水质进行评价，然后与环保局公布的该河流的水质指标进行比对。通过实验使学生熟练掌握水和废水环境监测一般实验程序和获取科学结论的实验方法，明白水样的预处理是水质监测最重要的一步，也是误差重要来源。对于实验中出现的问题要求自己解决，只要不是原则性的问题，老师一般不加以干涉，目的是使学生明白实验失败的原因，过程比结果更重要。学生的主体地位和教师的主导作用得到体现，充分发挥学生的自主性和能动性，给学生创造较大的自主创新和探索的空间，培养了解决实际问题的能力，使学生的创新思想得到较大的发展。

一、实验目的

① 要求学生通过查阅文献资料，收集河流的基础资料，根据现场调查确定监测断面和采样点，明确水样的采集和保存方法，根据国家或环保部规定标准分析方法，结合实验室条件，独立设计出实验方案。

② 掌握水温、pH 值、电导率、溶解氧、高锰酸盐指数、五日生化需氧量、氨氮、汞、铅、挥发酚、石油类和流量 12 个指标的样品前处理技术、测定原理和方法。

③ 依据《地表水环境质量标准》（GB 3838—2002）对河流水质进行评价。

二、河流监测方案的制定

（一）基础资料的收集

① 水体的水文、气候、地质和地貌资料。

② 水体沿岸城市分布、工业布局、污染源及其排污情况、城市给排水情况等。

③ 水体沿岸的资源现状和水资源的用途；饮用水源分布和重点水源保护区；水体流域土地功能及近期使用计划等。

④ 历年水质监测资料。

（二）监测断面和采样点的布设

在水质监测中，通过对基础资料和文献资料、现场调查结果进行系统分析和综合判断，根据实际情况综合考虑，合理确定监测断面。当确定了监测断面后，还应根据水面的宽度来合理布设监测断面上的采样垂线，根据监测垂线处水样深度，来进一步确定采样点位置和数量。

（三）水样的采集和保存

水样的采集和保存是水质分析的重要环节之一。欲获得准确可靠的水质分析数据，水样采集和保存方法必须规范、统一，并要求各个环节都不能有疏漏，使采集到的水样必须具有足够的代表性，并且不能受到任何意外的污染。

选择采样器及盛水器（水样瓶），并按要求进行洗涤。采集的水样按每个监测指标的具体要求进行分装和保存。

三、采样时间和采样频率的确定

根据学生时间进行安排。一般每 2～3 天一次，总采样次数不少于 3 次。

四、水样的分析测定

根据监测方案，选择实验方法，为使数据具有可比性，最好采用标准分析方法。

① 每组同学做好采样前准备工作：选择采样器和盛水容器以及采样时的保护剂等。

② 准备好试剂、标准溶液及其他试液。

③ 准备和调试好所用仪器，如果需要大型精密仪器提前向实验老师预约。

五、河流水质的评价

采样人员介绍采样点及周围环境；监测过程中出现的异常问题，对本组所得监测结果进行总结；找出本组各采样时段内不同指标的变化规律；与其他组的相应结果进行比较，得出本采样点的污染程度。

六、监测报告的编写

监测报告至少包括：监测小组成员、监测目的、现场调查、监测方法、试剂的配制、仪器的调试、样品的采集和保存、数据分析和处理以及和环保局数据的对比。另外要求每个学生都总结心得体会和提出建议。

附　　录

附录 1　环境空气质量标准（GB 3095—2012）

表 1　环境空气污染物浓度限值

项目	污染物项目	平均时间	浓度限值		单位
			一级	二级	
1	二氧化硫（SO$_2$）	年平均	20	60	$\mu g/m^3$
		24 小时平均	50	150	
		1 小时平均	150	500	
2	二氧化氮（NO$_2$）	年平均	40	40	
		24 小时平均	80	80	
		1 小时平均	200	200	
3	一氧化碳（CO）	24 小时平均	4	4	mg/m^3
		1 小时平均	10	10	
4	臭氧（O$_3$）	日最大 8 小时平均	100	160	$\mu g/m^3$
		1 小时平均	160	200	
5	颗粒物（粒径小于等于 10μm）	年平均	40	70	
		24 小时平均	50	150	
6	颗粒物（PM$_{2.5}$）	年平均	15	35	
		24 小时平均	35	75	
7	总悬浮颗粒物（TSP）	年平均	80	200	
		24 小时平均	120	300	
8	氮氧化物（NO$_x$）	年平均	50	50	
		24 小时平均	100	100	
		1 小时平均	250	250	
9	铅（Pb）	年平均	0.5	0.5	
		季平均	1	1	
10	苯并[a]芘（BaP）	年平均	0.001	0.001	
		24 小时平均	0.0025	0.0025	

145

表2　各项污染物分析方法

序号	污染物项目	手动分析方法		自动分析方法
		分析方法	标准编号	
1	二氧化硫（SO_2）	环境空气　二氧化硫的测定　甲醛吸收-副玫瑰苯胺分光光度法	HJ 482	紫外荧光法、差分吸收光谱分析
		环境空气　二氧化硫的测定　四氯汞盐吸收-副玫瑰苯胺分光光度法		
2	二氧化氮（NO_2）	环境空气　氮氧化物（一氧化氮和二氧化氮）的测定　盐酸萘乙二胺分光光度法	HJ 479	化学发光法、差分吸收光谱分析法
3	一氧化碳（CO）	空气质量　一氧化碳的测定　非分散红外法	GB 9801	气体滤波相关红外吸收法、非分散红外吸收法
4	臭氧（O_3）	环境空气　臭氧的测定　靛蓝二磺酸钠分光光度法	HJ 504	紫外吸收分光光度法、差分吸收光谱分析法
		环境空气　臭氧的测定　紫外光度法	HJ 590	
5	颗粒物（粒径小于等于10μm）	环境空气　PM_{10}和$PM_{2.5}$的测定　重量法	HJ 618	微量振荡天平法、β射线法
6	颗粒物（粒径小于等于2.5μm）	环境空气　PM_{10}和$PM_{2.5}$的测定　重量法	HJ 618	微量振荡天平法、β射线法
7	总悬浮颗粒物（TSP）	环境空气　总悬浮颗粒物的测定　重量法	GB/T 15432	—
8	氮氧化物（NO_x）	环境空气　氮氧化物（一氧化氮和二氧化氮）的测定　盐酸萘乙二胺分光光度法	HJ 479	化学发光法、差分吸收光谱分析法
9	铅（Pb）	环境空气　铅的测定　石墨炉原子吸收分光光度法（暂行）	HJ 539	—
		环境空气　铅的测定　火焰原子吸收分光光度法	GB/T 15264	
10	苯并[a]芘（BaP）	空气质量　飘尘中苯并[a]芘的测定　乙酰化滤纸层析荧光分光光度法	GB 8971	—
		环境空气　苯并[a]芘的测定　高效液相色谱法	GB/T 15439	

表3 污染物浓度数据有效性的最低要求

污染物项目	平均时间	数据有效性规定
二氧化硫（SO_2）、二氧化氮（NO_2）、颗粒物（粒径小于等于 $10\mu m$）、颗粒物（粒径小于等于 $2.5\mu m$）、氮氧化物（NO_x）	年平均	每年至少有 324 个日平均浓度值 每月至少有 27 个日平均浓度值 （二月至少有 25 个日平均浓度值）
二氧化硫（SO_2）、二氧化氮（NO_2）、颗粒物（粒径小于等于 $10\mu m$）、颗粒物（粒径小于等于 $2.5\mu m$）、氮氧化物（NO_x）	24 小时平均	每日至少有 20 个小时平均浓度值或采样时间
臭氧（O_3）	8 小时平均	每 8 小时至少有 6 小时平均浓度值
二氧化硫（SO_2）、二氧化氮（NO_2）、一氧化碳（CO）、臭氧（O_3）、氮氧化物（NO_x）、一氧化碳（O）	1 小时平均	每小时至少有 45 分钟的采样时间
总悬浮颗粒物（TSP）、苯并[a]芘（BaP）、铅（Pb）	年平均	每年至少有分布均匀 60 个日平均浓度值 每月至少有分布均匀 5 个日平均浓度值
铅（Pb）	季平均	每季至少有分布均匀 15 个日平均浓度值 每月至少有分布均匀 5 个日平均浓度值
总悬浮颗粒物（TSP）、苯并[a]芘（BaP）、铅（Pb）	24 小时平均	每日应有 24 小时的采样时间

附录 2　地表水环境质量标准（GB 3838—2002）

表4　地表水环境质量标准基本项目标准限值　　　单位：mg/L

序号	项目 / 标准值　分类	I 类	II 类	III 类	IV 类	V 类
1	水温/℃	人为造成的环境水温变化应限制在：周平均最大温升≤1　周平均最大温降≤2				
2	pH 值(无量纲)	6～9				
3	溶解氧　≥	饱和率90%（或7.5）	6	5	3	2
4	高锰酸盐指数　≤	2	4	6	10	15
5	化学需氧量(COD)　≤	15	15	20	30	40
6	五日生化需氧量(BOD_5)　≤	3	3	4	6	10
7	氨氮(NH_3-N)　≤	0.15	0.5	1.0	1.5	2.0
8	总磷(以 P 计)　≤	0.02(湖、库 0.01)	0.1(湖、库 0.025)	0.2(湖、库 0.05)	0.3(湖、库 0.1)	0.4(湖、库 0.2)
9	总氮(湖、库、以 N 计)　≤	0.2	0.5	1.0	1.5	2.0
10	铜　≤	0.01	1.0	1.0	1.0	1.0
11	锌　≤	0.05	1.0	1.0	2.0	2.0
12	氟化物(以 F^- 计)　≤	1.0	1.0	1.0	1.5	1.5

续表

序号	标准值\分类\项目	I 类	II 类	III 类	IV 类	V 类
13	硒 ≤	0.01	0.01	0.01	0.02	0.02
14	砷 ≤	0.05	0.05	0.05	0.1	0.1
15	汞 ≤	0.00005	0.00005	0.0001	0.001	0.001
16	镉 ≤	0.001	0.005	0.005	0.005	0.01
17	铬(六价) ≤	0.01	0.05	0.05	0.05	0.1
18	铅 ≤	0.01	0.01	0.05	0.05	0.1
19	氰化物 ≤	0.005	0.05	0.2	0.2	0.2
20	挥发酚 ≤	0.002	0.002	0.005	0.01	0.1
21	石油类 ≤	0.05	0.05	0.05	0.5	1.0
22	阴离子表面活性剂 ≤	0.2	0.2	0.2	0.3	0.3
23	硫化物 ≤	0.05	0.1	0.02	0.5	1.0
24	粪大肠菌群/(个/L) ≤	200	2000	10000	20000	40000

表 5 地表水环境质量标准基本项目分析方法

序号	项　目	分 析 方 法	最低检出限/(mg/L)	方法来源
1	水温	温度计法		GB 13195—91
2	pH 值	玻璃电极法		GB 6920—86
3	溶解氧	碘量法	0.2	GB 7489—87
		电化学探头法		GB 11913—89①
4	高锰酸盐指数		0.5	GB 11892—89
5	化学需氧量		10	GB 11914—89
6	五日生化需氧量		2	GB 7488—87①
7	氨氮	纳氏试剂比色法	0.05	GB 7479—87①
		水杨酸分光光度法	0.01	GB 7481—87①
8	总磷	钼酸铵分光光度法	0.01	GB 11893—89
9	总氮	碱性过硫酸钾消解紫外分光光度法	0.05	GB 11894—89①
10	铜	2,9-二甲基-1,10-菲啰啉分光光度法	0.06	GB 7473—87①
		二乙基二硫代氨基甲酸钠分光光度法	0.010	GB 7474—87①
		原子吸收分光光度法(螯合萃取法)	0.001	GB 7475—87
11	锌	原子吸收分光光度法	0.05	GB 7475—87
12	氟化物	氟试剂分光光度法	0.05	GB 7483—87①
		离子选择电极法	0.05	GB 7484—87
		离子色谱法	0.02	HJ/T 84—2001

序号	项　目	分析方法	最低检出限 /(mg/L)	方法来源
13	硒	2,3-二氨基萘荧光法	0.00025	GB 11902—89
		石墨炉原子吸收分光光度法	0.003	GB/T 15505—1995
14	砷	二乙基二硫代氨基甲酸银分光光度法	0.007	GB 7485—87
		冷原子荧光法	0.00006	②
15	汞	冷原子吸收分光光度法	0.00005	GB 7486—87①
		冷原子荧光法	0.00005	②
16	镉	原子吸收分光光度法(螯合萃取法)	0.001	GB 7475—87
17	铬(六价)	二苯碳酰二肼分光光度法	0.004	GB 7467—87
18	铅	原子吸收分光光度法(螯合萃取法)	0.01	GB 7475—87
19	氰化物	异烟酸-吡唑啉酮比色法	0.004	GB 7487—87
		吡啶-巴比妥酸比色法	0.002	
20	挥发酚	蒸馏后4-氨基安替比林分光光度法	0.002	GB 7490—87①
21	石油类	红外分光光度法	0.01	GB/T 16488—1996①
22	阴离子表面活性剂	亚甲蓝分光光度法	0.05	GB 7494—87
23	硫化物	亚甲基蓝分光光度法	0.005	GB/T 16489—1996
		直接显色分光光度法	0.004	GB/T 17133—1997
24	粪大肠菌群	多管发酵法、滤膜法		②

① HJ 506—2009 代替 GB 11913—89；HJ 505—2009 代替 GB/T 7488—87；HJ 535—2009 代替 GB 7479—87；HJ 536—2009 代替 GB 7481—87；HJ 636—2012 代替 GB 11894—89；HJ 486—2009 代替 GB 7473—87；HJ 485—2009 代替 GB 7474—87；HJ 488—2009 代替 GB 7483—87；HJ 597—2011 代替 GB 7468—87；HJ 503—2009 代替 GB 7490—87；HJ 637—2012 代替 GB/T 16488—1996。

② 国家环境保护总局，《水和废水监测分析方法》编委会．水和废水监测分析方法．第 4 版．北京：中国环境科学出版社，2002.

表 6　集中式生活饮用水地表水源地补充项目标准限值　单位：mg/L

序号	项目	标准值	序号	项目	标准值
1	硫酸盐(以 SO_4^{2-} 计)	250	4	铁	0.3
2	氯化物(以 Cl^- 计)	250	5	锰	0.1
3	硝酸盐(以 N 计)	10			

表 7　集中式生活饮用水地表水源地特定项目标准限值　单位：mg/L

序号	项目	标准值	序号	项目	标准值
1	三氯甲烷	0.06	8	1,1-二氯乙烯	0.03
2	四氯化碳	0.002	9	1,2-二氯乙烯	0.05
3	三溴甲烷	0.1	10	三氯乙烯	0.07
4	二氯甲烷	0.02	11	四氯乙烯	0.04
5	1,2-二氯乙烷	0.03	12	氯丁二烯	0.002
6	环氧氯丙烷	0.02	13	六氯丁二烯	0.0006
7	氯乙烯	0.005	14	苯乙烯	0.02

续表

序号	项目	标准值	序号	项目	标准值
15	甲醛	0.9	48	松节油	0.2
16	乙醛	0.05	49	苦味酸	0.5
17	丙烯醛	0.1	50	丁基黄原酸	0.005
18	三氯乙醛	0.01	51	活性氯	0.01
19	苯	0.01	52	滴滴涕	0.001
20	甲苯	0.7	53	林丹	0.002
21	乙苯	0.3	54	环氧七氯	0.0002
22	二甲苯①	0.5	55	对硫磷	0.003
23	异丙苯	0.25	56	甲基对硫磷	0.002
24	氯苯	0.3	57	马拉硫磷	0.05
25	1,2-二氯苯	1.0	58	乐果	0.08
26	1,4-二氯苯	0.3	59	敌敌畏	0.05
27	三氯苯②	0.02	60	敌百虫	0.05
28	四氯苯③	0.02	61	内吸磷	0.03
29	六氯苯	0.05	62	百菌清	0.01
30	硝基苯	0.017	63	甲萘威	0.05
31	二硝基苯④	0.5	64	溴清菊酯	0.02
32	2,4-二硝基甲苯	0.0003	65	阿特拉津	0.003
33	2,4,6-三硝基甲苯	0.5	66	苯并[a]芘	2.8×10^{-6}
34	硝基氯苯⑤	0.05	67	甲基汞	1.0×10^{-6}
35	2,4-二硝基氯苯	0.5	68	多氯联苯⑥	2.0×10^{-5}
36	2,4-二氯苯酚	0.093	69	微囊藻毒素-LR	0.001
37	2,4,6-三氯苯酚	0.2	70	黄磷	0.003
38	五氯酚	0.009	71	钼	0.07
39	苯胺	0.1	72	钴	1.0
40	联苯胺	0.0002	73	铍	0.002
41	丙烯酰胺	0.0005	74	硼	0.5
42	丙烯腈	0.1	75	锑	0.005
43	邻苯二甲酸二丁酯	0.003	76	镍	0.02
44	邻苯二甲酸二(2-乙基己基)酯	0.008	77	钡	0.7
45	水合肼	0.01	78	钒	0.05
46	四乙基铅	0.0001	79	钛	0.1
47	吡啶	0.2	80	铊	0.0001

① 二甲苯:指对-二甲苯、间-二甲苯、邻-二甲苯。

② 三氯苯:指1,2,3-三氯苯、1,2,4-三氯苯、1,3,5-三氯苯。

③ 四氯苯:指1,2,3,4-四氯苯、1,2,3,5-四氯苯、1,2,4,5-四氯苯。

④ 二硝基苯:指对-二硝基苯。

⑤ 硝基氯苯:间-硝基氯苯、邻-硝基氯苯。

⑥ 多氯联苯:指PCB-1016、PCB-1221、PCB-1232、PCB-1242、PCB-1248、PCB-1254、PCB-1260。

附录3　生活饮用水卫生标准（GB 5749—2006）

表8　水质常规指标及限值

指　　标	限　　值
1. 微生物指标[①]	
总大肠菌群/(MPN/100mL 或 CFU/100mL)	不得检出
耐热大肠菌群/(MPN/100mL 或 CFU/100mL)	不得检出
大肠埃希菌/(MPN/100mL 或 CFU/100mL)	不得检出
菌落总数/(CFU/mL)	100
2. 毒理指标	
砷/(mg/L)	0.01
镉/(mg/L)	0.005
铬(六价)/(mg/L)	0.05
铅/(mg/L)	0.01
汞/(mg/L)	0.001
硒/(mg/L)	0.01
氰化物/(mg/L)	0.05
氟化物/(mg/L)	1.0
硝酸盐(以 N 计)/(mg/L)	10 地下水源限制时为 20
三氯甲烷/(mg/L)	0.06
四氯化碳/(mg/L)	0.002
溴酸盐(使用臭氧时)/(mg/L)	0.01
甲醛(使用臭氧时)/(mg/L)	0.9
亚氯酸盐(使用二氧化氯消毒时)/(mg/L)	0.7
氯酸盐(使用复合二氧化氯消毒时)/(mg/L)	0.7
3. 感官性状和一般化学指标	
色度(铂钴色度单位)	15
浑浊度(NTU-散射浊度单位)	1 水源与净水技术条件限制时为 3
臭和味	无异臭、异味
肉眼可见物	无
pH	不小于 6.5 且不大于 8.5
铝/(mg/L)	0.2
铁/(mg/L)	0.3

151

指　标	限　值
锰/(mg/L)	0.1
铜/(mg/L)	1.0
锌/(mg/L)	1.0
氯化物/(mg/L)	250
硫酸盐/(mg/L)	250
溶解性总固体/(mg/L)	1000
总硬度(以 CaCO₃计)/(mg/L)	450
耗氧量(COD_Mn法,以 O₂计)/(mg/L)	3 水源限制,原水耗氧量＞6mg/L 时为 5
挥发酚类(以苯酚计)/(mg/L)	0.002
阴离子合成洗涤剂/(mg/L)	0.3
4. 放射性指标②	指导值
总 α 放射性/(Bq/L)	0.5
总 β 放射性/(Bq/L)	1

① MPN 表示最可能数;CFU 表示菌落形成单位。当水样检出总大肠菌群时,应进一步检验大肠埃希菌或耐热大肠菌群;水样未检出总大肠菌群,不必检验大肠埃希菌或耐热大肠菌群。

② 放射性指标超过指导值,应进行核素分析和评价,判定能否饮用。

表 9　饮用水中消毒剂常规指标及要求

消毒剂名称	与水接触时间	出厂水中限值	出厂水中余量	管网末梢水中余量
氯气及游离氯制剂(游离氯)/(mg/L)	至少 30min	4	≥0.3	≥0.05
一氯胺(总氯)/(mg/L)	至少 120min	3	≥0.5	≥0.05
臭氧(O₃)/(mg/L)	至少 12min	0.3		0.02 如加氯,总氯≥0.05
二氧化氯(ClO₂)/(mg/L)	至少 30min	0.8	≥0.1	≥0.02

表 10　水质非常规指标及限值

指　标	限　值	指　标	限　值
1. 微生物指标		镍/(mg/L)	0.02
贾第鞭毛虫/(个/10L)	<1	银/(mg/L)	0.05
隐孢子虫/(个/10L)	<1	铊/(mg/L)	0.0001
2. 毒理指标		氯化氰(以 CN-计)/(mg/L)	0.07
锑/(mg/L)	0.005	一氯二溴甲烷/(mg/L)	0.1
钡/(mg/L)	0.7	二氯一溴甲烷/(mg/L)	0.06
铍/(mg/L)	0.002	二氯乙酸/(mg/L)	0.05
硼/(mg/L)	0.5	1,2-二氯乙烷/(mg/L)	0.03
钼/(mg/L)	0.07	二氯甲烷/(mg/L)	0.02

续表

指　　标	限　值	指　　标	限　值
三卤甲烷(三氯甲烷、一氯二溴甲烷、二氯一溴甲烷、三溴甲烷的总和)	该类化合物中各种化合物的实测浓度与其各自限值的比值之和不超过1	滴滴涕/(mg/L)	0.001
		乙苯/(mg/L)	0.3
		二甲苯/(mg/L)	0.5
1,1,1-三氯乙烷/(mg/L)	2	1,1-二氯乙烯/(mg/L)	0.03
三氯乙酸/(mg/L)	0.1	1,2-二氯乙烯/(mg/L)	0.05
三氯乙醛/(mg/L)	0.01	1,2-二氯苯/(mg/L)	1
2,4,6-三氯酚/(mg/L)	0.2	1,4-二氯苯/(mg/L)	0.3
三溴甲烷/(mg/L)	0.1	三氯乙烯/(mg/L)	0.07
七氯/(mg/L)	0.0004	三氯苯(总量)/(mg/L)	0.02
马拉硫磷/(mg/L)	0.25	六氯丁二烯/(mg/L)	0.0006
五氯酚/(mg/L)	0.009	丙烯酰胺/(mg/L)	0.0005
六六六(总量)/(mg/L)	0.005	四氯乙烯/(mg/L)	0.04
六氯苯/(mg/L)	0.001	甲苯/(mg/L)	0.7
乐果/(mg/L)	0.08	邻苯二甲酸二(2-乙基己基)酯/(mg/L)	0.008
对硫磷/(mg/L)	0.003		
灭草松/(mg/L)	0.3	环氧氯丙烷/(mg/L)	0.0004
甲基对硫磷/(mg/L)	0.02	苯/(mg/L)	0.01
百菌清/(mg/L)	0.01	苯乙烯/(mg/L)	0.02
呋喃丹/(mg/L)	0.007	苯并[a]芘/(mg/L)	0.00001
林丹/(mg/L)	0.002	氯乙烯/(mg/L)	0.005
毒死蜱/(mg/L)	0.03	氯苯/(mg/L)	0.3
草甘膦/(mg/L)	0.7	微囊藻毒素-LR/(mg/L)	0.001
敌敌畏/(mg/L)	0.001	3. 感官性状和一般化学指标	
莠去津/(mg/L)	0.002	氨氮(以 N 计)/(mg/L)	0.5
溴氰菊酯/(mg/L)	0.02	硫化物/(mg/L)	0.02
2,4-滴/(mg/L)	0.03	钠/(mg/L)	200

附录4　污水综合排放标准（GB 8978—2002）

表11　第一类污染物最高允许排放浓度　　　　　单位：mg/L

序　号	污　染　物	最高允许排放浓度	序　号	污　染　物	最高允许排放浓度
1	总汞	0.05	8	总镍	1.0
2	烷基汞	不得检出	9	苯并[a]芘	0.00003
3	总镉	0.1	10	总铍	0.005
4	总铬	1.5	11	总银	0.5
5	六价铬	0.5	12	总 α 放射性	1Bq/L
6	总砷	0.5	13	总 β 放射性	10Bq/L
7	总铅	1.0			

表12 第二类污染物最高允许排放浓度

(1998年1月1日及以后建设的单位) 单位：mg/L

序号	污染物	适用范围	一级标准	二级标准	三级标准
1	pH	一切排污单位	6~9	6~9	6~9
2	色度（稀释倍数）	染料工业	50	80	—
3	悬浮物（SS）	采矿、选矿、选煤工业	70	300	—
		脉金选矿	70	400	—
		边远地区砂金选矿	70	800	—
		城镇二级污水处理厂	20	30	—
		其他排污单位	70	150	400
4	五日生化需氧量（BOD$_5$）	甘蔗制糖、苎麻脱胶、湿法纤维板、染料、洗毛工业	20	60	600
		甜菜制糖、酒精、味精、皮革、化纤浆粕工业	20	60	600
		城镇二级污水处理厂	20	30	—
		其他排污单位	20	30	300
5	化学需氧量（COD）	甜菜制糖、合成脂肪酸、湿法纤维板、染料、洗毛、有机磷农药工业	100	200	1000
		味精、酒精、医药原料药、生物化工、苎麻脱胶、皮革、化纤浆粕工业	100	300	1000
		石油化工工业（包括石油炼制）	60	120	—
		城镇二级污水处理厂	60	120	—
		其他排污单位	100	150	500
6	石油类	一切排污单位	5	10	20
7	动植物油	一切排污单位	10	15	100
8	挥发酚	一切排污单位	0.5	0.5	2.0
9	总氰化合物	一切排污单位	0.5	0.5	1.0
10	硫化物	一切排污单位	1.0	1.0	1.0
11	氨氮	医药原料药、染料、石油化工工业	15	50	—
		其他排污单位	15	25	—
12	氟化物	黄磷工业	10	15	20
		低氟地区（水体含氟量<0.5mg/L）	10	20	30
		其他排污单位	10	10	20
13	磷酸盐（以P计）	一切排污单位	0.5	1.0	—
14	甲醛	一切排污单位	1.0	2.0	5.0
15	苯胺类	一切排污单位	1.0	2.0	5.0
16	硝基苯类	一切排污单位	2.0	3.0	5.0

序号	污 染 物	适 用 范 围	一级标准	二级标准	三级标准
17	阴离子表面活性剂(LAS)	一切排污单位	5.0	10	20
18	总铜	一切排污单位	0.5	1.0	2.0
19	总锌	一切排污单位	2.0	5.0	5.0
20	总锰	合成脂肪酸工业	2.0	5.0	5.0
		其他排污单位	2.0	2.0	5.0
21	彩色显影剂	电影洗片	1.0	2.0	3.0
22	显影剂及氧化物总量	电影洗片	3.0	3.0	6.0
23	元素磷	一切排污单位	0.1	0.1	0.3
24	有机磷农药(以P计)	一切排污单位	不得检出	0.5	0.5
25	乐果	一切排污单位	不得检出	1.0	2.0
26	对硫磷	一切排污单位	不得检出	1.0	2.0
27	甲基对硫磷	一切排污单位	不得检出	1.0	2.0
28	马拉硫磷	一切排污单位	不得检出	5.0	10
29	五氯酚及五氯酚钠 (以五氯酚计)	一切排污单位	5.0	8.0	10
30	可吸附有机卤化物 (AOX)(以Cl计)	一切排污单位	1.0	5.0	8.0
31	三氯甲烷	一切排污单位	0.3	0.6	1.0
32	四氯化碳	一切排污单位	0.03	0.06	0.5
33	三氯乙烯	一切排污单位	0.3	0.6	1.0
34	四氯乙烯	一切排污单位	0.1	0.2	0.5
35	苯	一切排污单位	0.1	0.2	0.5
36	甲苯	一切排污单位	0.1	0.2	0.5
37	乙苯	一切排污单位	0.4	0.6	1.0
38	邻-二甲苯	一切排污单位	0.4	0.6	1.0
39	对-二甲苯	一切排污单位	0.4	0.6	1.0
40	间-二甲苯	一切排污单位	0.4	0.6	1.0
41	氯苯	一切排污单位	0.2	0.4	1.0
42	邻二氯苯	一切排污单位	0.4	0.6	1.0
43	对二氯苯	一切排污单位	0.4	0.6	1.0
44	对硝基氯苯	一切排污单位	0.5	1.0	5.0
45	2,4-二硝基氯苯	一切排污单位	0.5	1.0	5.0
46	苯酚	一切排污单位	0.3	0.4	1.0
47	2,4-二氯酚	一切排污单位	0.6	0.8	1.0

序号	污 染 物	适 用 范 围	一级标准	二级标准	三级标准
48	2,4,6-三氯酚	一切排污单位	0.6	0.8	1.0
49	邻苯二甲酸二丁酯	一切排污单位	0.2	0.4	2.0
50	邻苯二甲酸二辛酯	一切排污单位	0.3	0.6	2.0
51	丙烯腈	一切排污单位	2.0	5.0	5.0
52	总硒	一切排污单位	0.1	0.2	0.5
53	粪大肠菌群数	医院①、兽医院及医疗机构含病原体污水	500 个/L	1000 个/L	5000 个/L
		传染病、结核病医院污水	100 个/L	500 个/L	1000 个/L
54	总余氯(采用氯化消毒的医院污水)	医院①、兽医院及医疗机构含病原体污水	0.5②	>3(接触时间≥1h)	>2(接触时间≥1h)
		传染病、结核病医院污水	0.5②	>6.5(接触时间≥1.5h)	>5(接触时间≥1.5h)
55	总有机碳(TOC)	合成脂肪酸工业	20	40	—
		苎麻脱胶工业	20	60	—
		其他排污单位	20	30	—

① 指 50 个床位以上的医院。

② 加氯消毒后须进行脱氯处理,达到本标准。

注:其他排污单位指除在该控制项目中所列行业以外的一切排污单位。

参考文献

[1] 奚旦立，王晓辉，马春燕等．环境监测实验［M］．北京：高等教育出版社，2011．

[2] 陈玲，赵建夫．环境监测［M］．北京：化学工业出版社，2008．

[3] 孙福生，张丽君．环境监测实验［M］．北京：化学工业出版社，2007．

[4] 孙成，于红霞．环境监测实验［M］．北京：科学出版社，2010

[5] 刘玉婷．环境监测实验［M］．北京：化学工业出版社，2007．

[6] 黄进，黄正文，苏蓉．环境监测实验［M］．成都：四川大学出版社，2010．

[7] 陈穗玲．环境监测实验［M］．广州：暨南大学出版社，2010．

[8] 国家环境保护总局水和废水监测分析方法编委会．水和废水监测分析方法［M］．第4版．北京：中国环境科学出版社，2002．

[9] 国家环境保护总局空气和废气监测分析方法编委会．空气和废气监测分析方法［M］．第4版．北京：中国环境科学出版社，2003．

[10] 国家环境保护部．空气和废气中气相和颗粒物中多环芳烃的测定　气相色谱-质谱法 HJ 646—2013［S］．北京：中国环境科学出版社，2013．

[11] 国家环境保护部．环境空气苯系物的测定——活性炭吸附/二硫化碳解吸-气相色谱法 HJ 584—2010［S］．北京：中国环境科学出版社，2010．

[12] 国家环境保护部．水质挥发性有机物的测定——吹扫捕集/气相色谱-质谱法 HJ 639—2012［S］．北京：中国环境科学出版社，2012．

[13] 国家环境保护部．水中挥发性卤代烃的测定——顶空气相色谱法 HJ 620—2011［S］．北京：中国环境科学出版社，2012．

[14] 奚旦立，孙裕生，刘秀英．环境监测［M］．第3版．北京：高等教育出版社，2007．

[15] 但德忠．环境监测［M］．北京：高等教育出版社，2006．

[16] 齐文启，孙宗光，边归国．环境监测新技术［M］．北京：化学工业出版社，2008．